スマホ&SNSの安心設定ブック

ジャムハウス編集部［著］

親子も初心者も安心！

LINE
Twitter
Instagram
Facebook

Jam House

CONTENTS

第3章　LINEの安心設定 …… 40

第4章　Twitterの安心設定 …… 52

■本書中の画像は、iPhone(iOS11.3.1)、Android(7.0)で作成しました。パソコンの画面は、Windows 10の環境で作成しました。

■本書では、解説内容に応じて画面表示の解像度を変更したり、画面の一部を切り出したりしています。そのため、実際の操作画面と、イメージが異なる場合がありますが、操作上の問題ではありませんのでご了承ください。

■画像は2018年5月20日時点のものです。

1 スマホやSNSを使うなら セキュリティが大切

スマホ（スマートフォン）を持っていれば、外出先でも、家族や友だちに電話したり、メールを送ったりできます。今やスマホは私たちの生活に欠かせないものとなり、スマホを手に出歩く姿も当たり前の風景になりましたね。

さらに、Twitter（ツイッター）やInstagram（インスタグラム）、Facebook（フェイスブック）を活用すれば、誰もが情報を発信したり、お気に入りの写真を世界中の人に見てもらったりすることができます。こうした、インターネットを介して人と人とがつながるサービスのことSNS（ソーシャル・ネットワーキング・サービス）と言います。

楽しくて便利な反面、注意しなければならないのが、セキュリティの問題です。TwitterやFacebookに書き込んだ内容から、 個人情報がもれてしまったり、

ちょっとしたいたずらを自慢げに書いてしまったところ、多くのネット利用者からバッシングされてしまったり（このことを炎上と言います ）という事件も起きています。

また、子どもがSNSを介して知り合った相手から裸の写真を送るように言われたり、呼び出されて事件に巻き込まれたりすることもあります。

楽しいスマホやSNSを安心して利用するためには、 モラルやリテラシーと呼ばれる知識を学ぶ必要があります。そしてもう1つ、なるべくキケンにあわないようにするための、スマホやアプリの設定方法について、知っておく必要があるのです。

＼ あわせて読んでみよう！ ／

最新版　親子で学ぶインターネットの安全ルール 小学生・中学生編

［著者］いけだとしお　おかもとなちこ
［絵］つるだなみ
［定価］1,500円+税

スマホ、パソコン、インターネットを安全に使うために必要なルールをイラスト入りで、わかりやすく解説しています。親子で学んだら、我が家のルール作りをしてみましょう。 ぜひとも、本書とあわせてお読みください。

2 SNSによる炎上や犯罪の事例

SNSを介して起こるトラブルや事件、多くの人からバッシングされる炎上などの情報が、ニュースなどでも取り上げられることが多くなりました。毎日のように目にされているという方もいるでしょう。そうした中でも特徴的な事件と、こうしたことを防ぐための対策について、いくつか見てみましょう。

事件 アルバイト店員がコンビニの冷蔵庫に入って撮影

コンビニのアイスクリーム用冷蔵庫に入った姿を撮影してTwitterに投稿。ちょっとしたイタズラ自慢のつもりが、衛生面や従業員管理の問題から、炎上して話題に。店舗はチェーン店契約が解除されて、休業することになります。この頃、他のコンビニや飲食店でも、同様の炎上が起こりました。

対策

投稿者の行ったことはいずれも犯罪ですが、ちょっとしたイタズラ自慢のつもりでTwitterに書き込んだことから炎上になってしまうこともあります。SNSに投稿した内容は友達だけでなく、世界中の人が読めるものだと考えるようにしましょう（54ページ参照）。

事件 TwitterやInstagramの写真から住所の特定

TwitterやInstagramに写真を投稿すると、緯度や経度などの位置情報は自動で削除されます（28、39ページ参照）。しかし、窓から見える景色や建物などの情報から、自宅の場所や、現在地を特定され、ストーカー被害にあうことがあります。

対策

自宅周辺で撮影した写真は投稿しないように、注意することが必要です。写真だけでなく、最寄り駅や近所にあるお店の名前なども書き込まないようにしましょう。

事件 SNSで知り合った児童に対し、裸の写真を送るように要求

ネット上で知り合った相手に対して、言葉巧みに裸などの性的な画像を送らせようとするSNS利用者がいます。その対象は未成年や児童であることもあります。このことは“自画撮り被害”とも言われ、被害者は増えています。東京都は「東京都青少年の健全な育成に関する条例」の一部を改正し、罰則付きの禁止規定を設けています。

事件 自殺願望のある人を募って殺害

SNSで知り合った人に会いに行ったり、家出してSNSで相手の家に泊まったりして、暴行や殺人などの被害にあうこともあります。Twitterで自殺願望のある人を募って殺害する、連続殺人の事件も起きています。

事件 いじめや先生への暴力を動画共有サイトに投稿

中学生、高校生が同級生をいじめて暴力をふるう様子を動画サイトのYouTubeに投稿する事件があり、ネット上での炎上がきっかけとなり、問題が発覚しました。同様に、高校生が教師を蹴る動画を投稿して問題になった事件もありました。

衣料品店でクレームを付けて土下座を要求

衣料品店でクレームを付けて謝罪を要求し、土下座する様子を撮影してYouTubeに投稿する事件がありました。投稿者は、強要や名誉毀損の罪で逮捕されています。他にも、カラオケ店で店員を脅して代金を踏み倒す様子を撮影して逮捕された投稿者もいます。

対策

いずれも、インターネット利用のルール以前に、犯罪です。動画投稿するしないにかかわらず、いずれもやってはいけないことです。

事件 LINEの乗っ取りで詐欺被害

友だちのLINEが乗っ取られて、なりすましのメッセージが届いたことから、詐欺被害にあうことがあります。友だちから突然、プリペイドカードの購入依頼が届き、それに応じることで、金銭被害にあうというものです。

対策

突然、物品の購入依頼がくるのは怪しいので、必ず友だちに電話するなどして確認してみしょう。また、自分が友だちを巻き込んでしまわないように、設定を確認しておきましょう（48ページ参照）。

事件 リベンジポルノの被害

交際相手の要求に応じて性的な画像を送った後に、関係がうまくいかなくなり、画像を公開されてしまう事件も起きています。このことを「リベンジポルノ」と言います。公開された画像がインターネット上に拡散してしまうと、すべてを削除することはできなくなります。先の自画撮り被害でも同様のキケンがあります。

対策

SNSで知り合った相手は、たとえ親切そうに思えても、ネット上の情報だけで信用してはいけません。特に、写真を送らせたり、会うことを要求したりする相手は要注意です。まず、性的な写真は絶対に送ってはいけません。万が一、恥ずかしい写真がばらまかれたら削除することはできないのです。また、呼び出しに応じて会ったり、相手の家に遊びに行ったりすれば、被害にあうことになります。

3 子どもが使うなら必ずフィルタリング設定

最近では、小中学生がスマホを手にすることも増えてきました。子どもたちが、インターネットを介してキケンな目にあう可能性も高くなっています。そのため、携帯電話の通信事業者は、18歳未満がスマートフォンや携帯電話を手にするときにはフィルタリングを提供することが、義務づけられています。

フィルタリングとは、インターネットを介して、アダルトサイトや暴力的な情報を掲載するサイト、出会い系サイトなど、不適切なサイトへのアクセスをブロックする仕組みのことです。

コラム

Wi-Fi（ワイファイ）接続時の注意

フィルタリングの契約をしていても、自宅でWi-Fiを使ってインターネットに接続している場合には、注意が必要です。
フィルタリングが有効なのは、電話のデータ通信回線を利用しているときのみで、Wi-Fi経由のアクセス時には、フィルタリングが無効になる場合があるためです（各通信事業者のサービス内容をご確認ください）。
安心してWi-Fi利用したい場合には、第7章で紹介するフィルタリングソフトの利用も、検討してみてください。

Wi-Fiルーターの例です。自宅にインターネット回線が引かれている時に、利用できます。
◀BUFFALO WSR-1166DHP3-BK

フィルタリング提供は、「青少年が安全に安心してインターネットを利用できる環境の整備等に関する法律」の中で法的にも義務づけられていることです。子どもがスマホを利用する際には、携帯電話会社の説明を聞いて、必ずフィルタリング設定を有効にしてもらうようにしましょう。

大手通信事業者のNTTドコモ、au、ソフトバンクは、フィルタリングサービスの名称を「あんしんフィルター」に統一して提供しています。それぞれサービス内容には少しずつ違いがありますが、主に提供されるのは次の機能です。

- 有害サイトへのアクセスをブロック
- 利用可能なアプリの制限
- 子どもの年齢や学年に応じて、制限レベルを設定する
- 保護者がサイトやアプリ制限をるカスタマイズできる

また、大手通信事業者だけでなく、Y!mobile（ワイモバイル）、TONEモバイル、イオンモバイルなど、格安のサービスを提供する通信事業者も、子ども向けのフィルタリングを提供しているので、利用検討時には、サービス内容も確認しておくようにしましょう。

第1章
iPhoneの安心設定

今や、大人も子どももスマートフォンを利用しています。
でも、スマホの中には個人情報など、大事な情報がたくさん詰まっています。こういった情報が漏れてしまわないよう気を付けなければいけません。
また、子どもにiPhoneを使わせている場合、勝手にアプリをインストールされたり、設定を変更されたりしても困ります。
iPhoneには、こういったことを防ぐための設定が用意されています。まずはきちんと設定して安全に使えるようにしましょう。

誰かに勝手に iPhoneを使われないか心配

ロックをかけておけば、他の人がiPhoneを使うことはできなくなります

P14へ

子どもにiPhoneを使わせたいけど、勝手にゲームをインストールしたり、変なサイトを見たりして欲しくない

機能制限をかければ、設定を変更したり、年齢にふさわしくないアプリやサイトを利用できないようにすることができるので安心です

P17へ

子どもに親のiPhoneを
貸すのはいいけど、
勝手にいろんなアプリを
利用したり、ゲームを
やりすぎたりするのが
心配

アクセスガイドで、
1つのアプリしか利用できない
ようにしたり、時間を制限する
ことができます
P21へ

位置情報から
自分の家の場所が
わかっちゃったら
どうしよう

位置情報は
利用しないように
設定することが
できます
P27へ

1 iPhoneが勝手に使われないようにロックしよう

iPhoneには個人情報を始めとしてさまざまな情報が詰まっています。誰でも使えるような状態になっていると、そういった情報を盗まれる危険性もあります。必ずロックをかけるようにしましょう。
iPhoneでは、指紋認証やパスコードの入力といった方法でロックを解除することができます。また､iPhone Xでは顔認証も利用することができます。

指紋の登録をする

1

1. ホーム画面の[設定]をタップします。
2. [Touch IDとパスコード]をタップします。

2

3. [指紋を追加]をタップします。

3

4. ホームボタンに指紋を登録したい指を当てて離す操作を､何度か繰り返します。

5. 確認画面が表示されるので、[続ける]をタップし、指の境界部分も同様にして登録します。

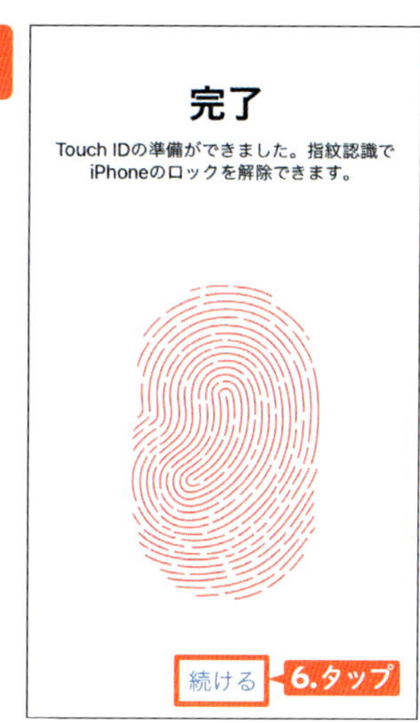

6. 指紋の登録が完了しました。[続ける]をタップします。

メモ

Touch IDを利用するには、パスコードを設定する必要があるため、続けてパスコードの設定に進みます。すでにパスコードを設定済みの場合は、ここで完了です。

パスコードの設定をする

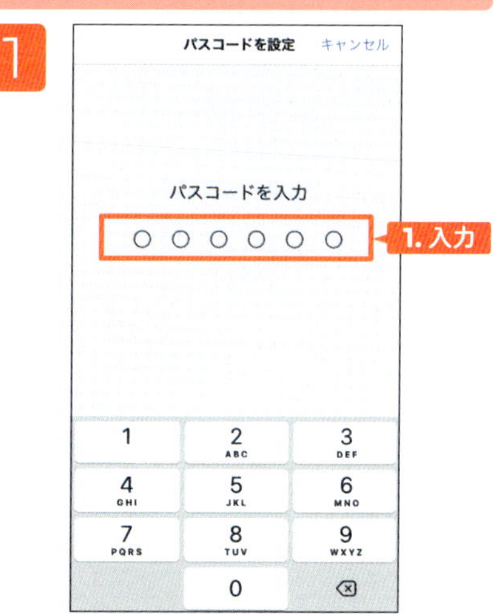

1. 6桁のパスコードを入力します。

2. 再度同じ6桁のパスコードを入力すれば、設定は完了です。

ヒント

複数の指の指紋を登録する

指紋登録は、最大5つまで可能です。指先をケガしてしまったなどという時に備えて、登録しておくと安心ですね。[指紋を追加]をタップして、同様の操作で登録します。

ヒント

パスコードの桁数は変えられる

パスコードの桁数は変えることもできます。[Touch IDとパスコード]で[パスコードを変更]をタップし、登録したパスコードを入力します。新しいパスコード入力画面で、[パスコードオプション]をタップし、[4桁の数字のコード]をタップすれば、4桁のパスコードを設定できます。

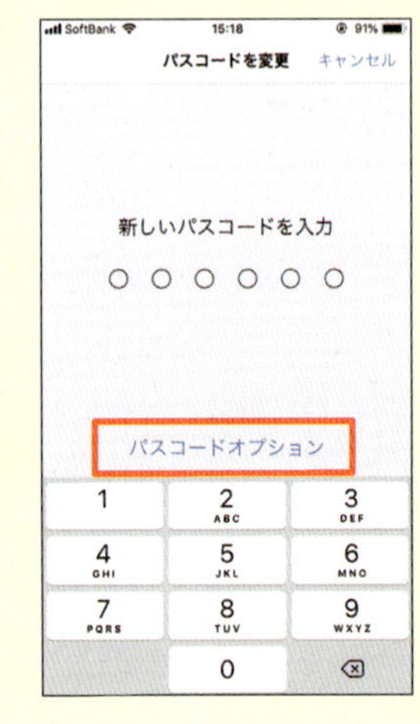

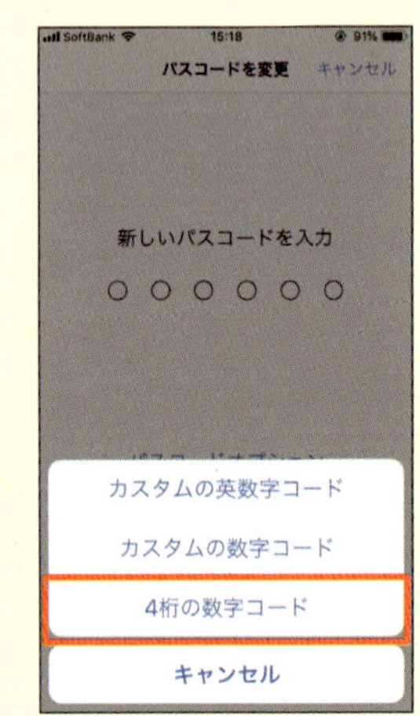

2 子どもが使うiPhoneには機能制限を設定しよう

子どもが利用するiPhoneでは、勝手にアプリをインストールしたり、不適切な表現を使っているコンテンツを表示したりできないように設定しておきたいものです。「機能制限 」を利用すれば、使用できるアプリを制限したり、 悪意のあるWebサイトへのアクセスを制限したりすることができます。

機能制限を設定する

1

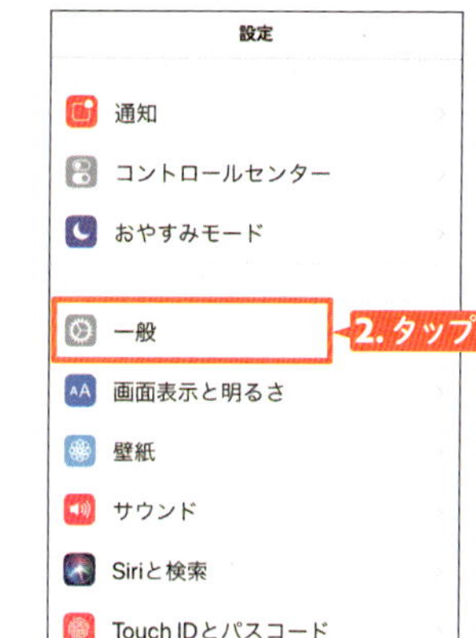

1. ホーム画面の[設定]をタップします。
2. [一般]をタップします。

2

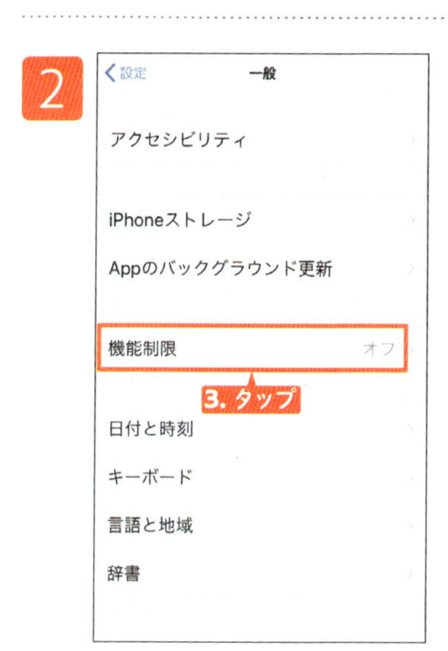

3. [機能制限]をタップします。

3

4. [機能制限を設定]をタップします。

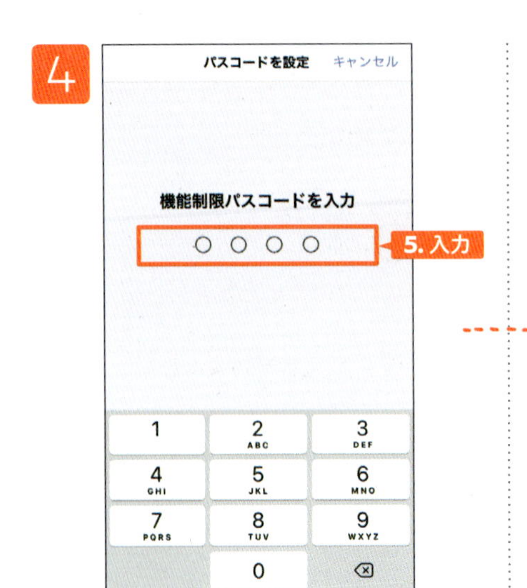

5. 子どもが勝手に変更できないようにするためのパスコードを入力します。

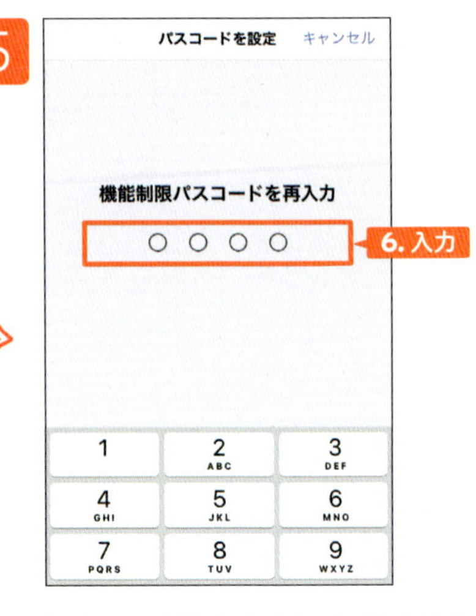

6. 再度パスコードを入力すれば、設定は完了です。機能制限を解除する際には、このパスコードの入力が必要になります。

利用を禁止するアプリを設定する

1. ［許可］の一覧で、利用を禁止したいアプリをオフにします。FaceTimeでビデオ通話をしたり、AirDropで写真などを共有したりといったことを制限できます。

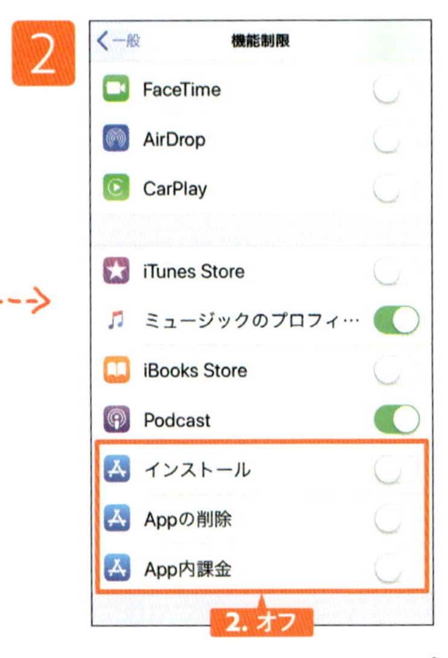

2. アプリのインストールや削除、アプリ内課金も禁止することができます。

コンテンツの許可を設定する

1

1. [コンテンツの許可]は、コンテンツを年齢に合わせて制限したり、サイトでアダルトコンテンツを表示しないようにしたりといったことができます。制限したい項目をタップし、内容を変更します。ここでは、[App]と[WEBサイト]を設定してみます。

2

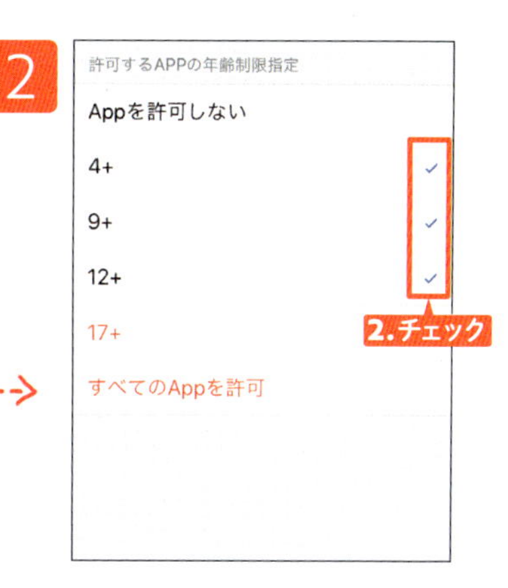

2. [App]では、許可する年齢のレートのみタップしてチェックを入れます。対象年齢外のアプリを利用したり、ダウンロードできなくなります。 すでにインストールされているアプリの場合、アイコンが非表示となります。

3

アクセスを許可するWEBサイト
すべてのWebサイト
アダルトコンテンツを制限
指定したWebサイトのみ
多くのアダルトサイトへのアクセスを自動的に制限します。Webサイト別の許可および制限は下で登録できます。
常に許可
Webサイトを追加...
常に禁止
Webサイトを追加...

3. [Webサイト]では、[アダルトコンテンツを制限]を選択しました。これでアダルトコンテンツと判定されたWebサイトを閲覧できなくなります。

プライバシー設定の変更を制限する

1

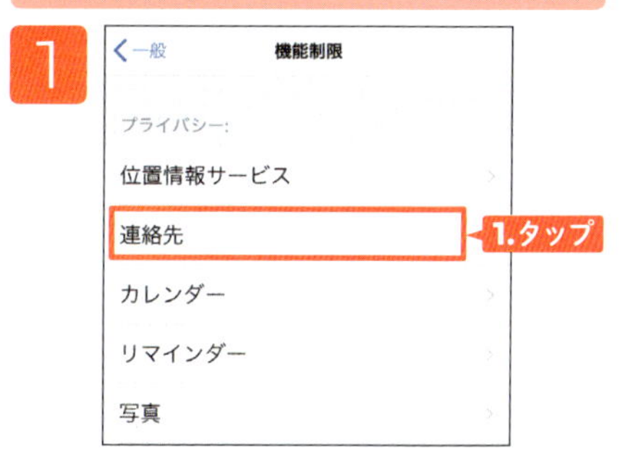

1. [プライバシー]では、プライバシー設定を変更できないように制限できます。制限したい項目をタップして、内容を変更します。ここでは、勝手に新しいアプリで連絡先が利用されないようにするため、[連絡先]をタップしました。

2

2. 連絡先を利用するかしないかの設定を変更できないようにするには、[変更を許可しない]をタップしてオンにします。

メモ

連絡先を利用できるアプリを変更したい場合は、[変更を許可]をオンにした状態で、下部のアプリの一覧でオン／オフを設定してから[変更を許可しない]に設定します。

設定の変更を制限する

1

1. [変更の許可]では、勝手に[メール]で受信するメールアカウントを追加したり、音量を変更したりできないように制限することができます。制限したい項目をタップして、内容を変更します。ここでは、[アカウント]をタップしました。

2

機能制限
アカウント
変更を許可
2. オン
変更を許可しない
変更を許可しないと、"アカウントとパスワード"でアカウントを追加、削除、および変更できません。

2. [変更を許可しない]をタップしてオンにします。

3 アクセスガイドで使用時間に制限をかける

子どもにiPhoneを使わせる場合は、使用時間も気になります。おもしろくてなかなかやめられないなんていうことにならないよう、時間制限をかけましょう。 アクセスガイドを利用すれば、特定の1アプリしか使えないようにすることができ、使用時間も設定することができます。

アクセスガイドを利用できるようにする

1

1. ホーム画面の[設定]をタップします。
2. [一般]をタップします。

2

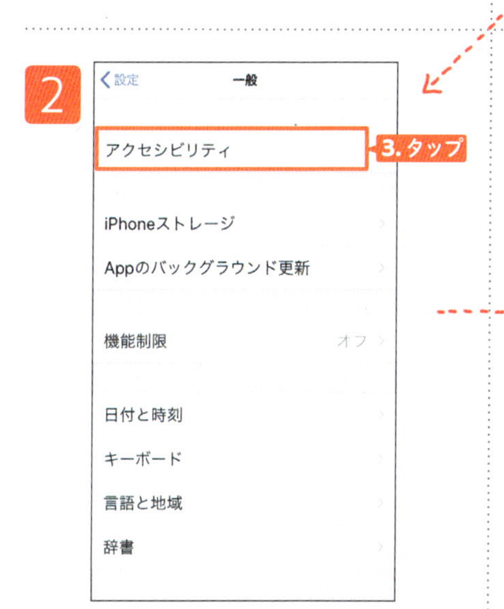

3. [アクセシビリティ]をタップします。

3

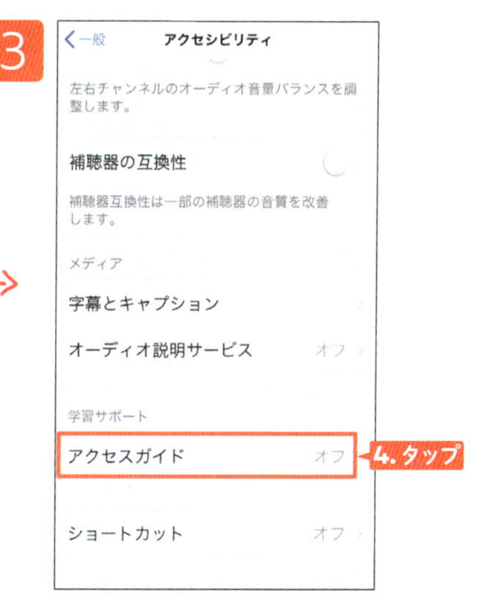

4. [アクセスガイド]をタップします。

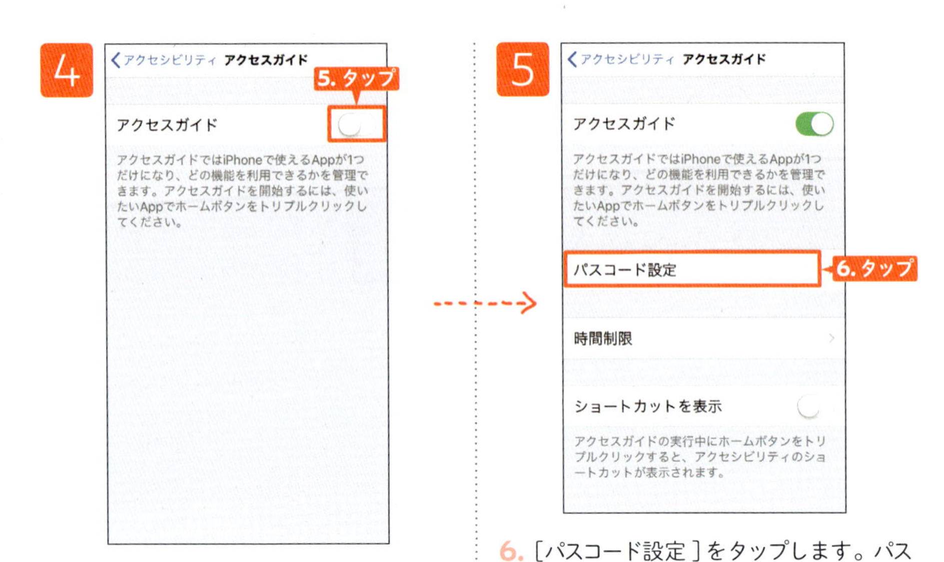

5. ［アクセスガイド］の右にあるボタンをタップしてオンにします。

6. ［パスコード設定］をタップします。パスコードを設定することで、子どもが勝手にアクセスガイドを終了できなくなります。

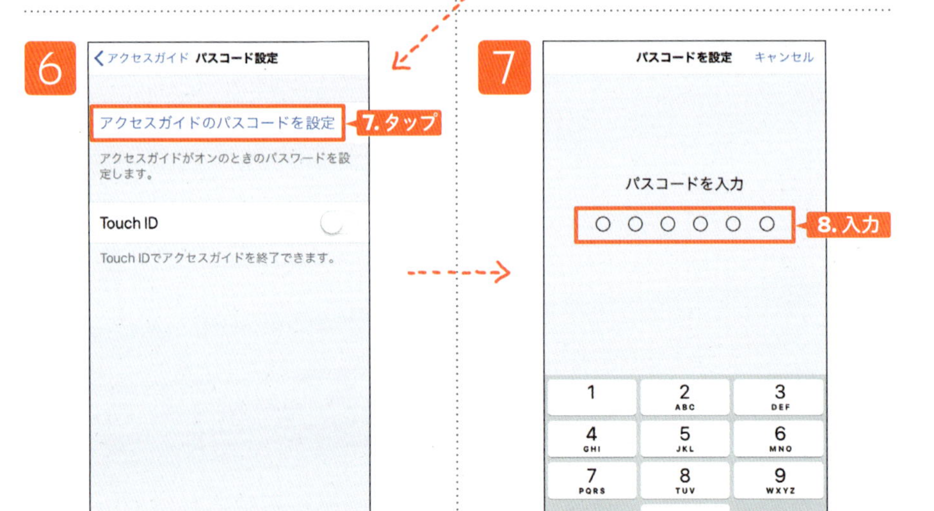

7. ［アクセスガイドのパスコードを設定］をタップします。

8. パスコード6桁を入力します。

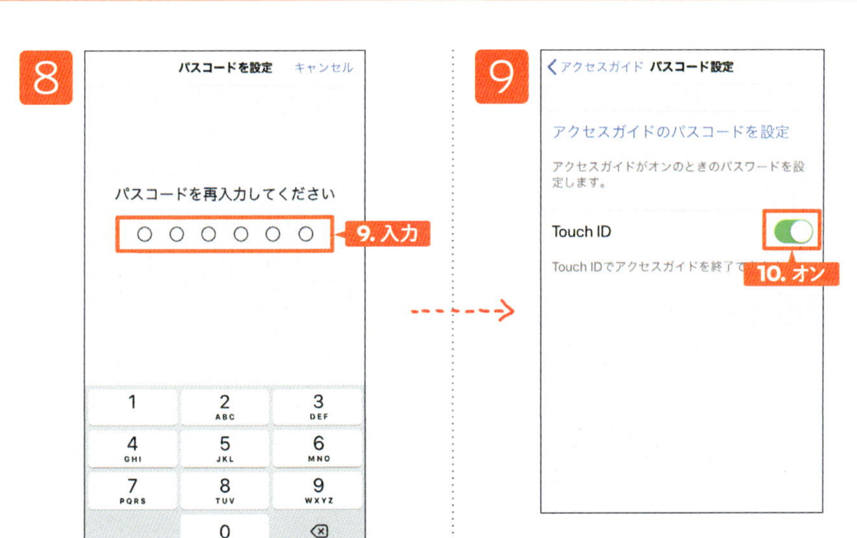

9. 再度パスコードを入力すれば、設定は完了です。

10. Touch IDでアクセスガイドを終了したい場合は、[Touch ID]右にあるボタンをタップしてオンにします。

アクセスガイドを開始する

1

1. 使用するアプリを開いた状態(ここではブラウザのSafariを開いています)で、ホームボタンを3回続けて押します。

2

2. アクセスガイドの開始画面が表示されます。

3. [開始]をタップします。

3

4. アクセスガイドが開始されます。

ヒント

アクセスガイドを開始すると

アクセスガイドが開始されると、現在表示されているアプリ以外は操作できなくなります。 ホームボタンを押しても無効となります。
子どもに自分のスマホを貸す時に、 他のアプリは使わせたくないという場合に便利です。

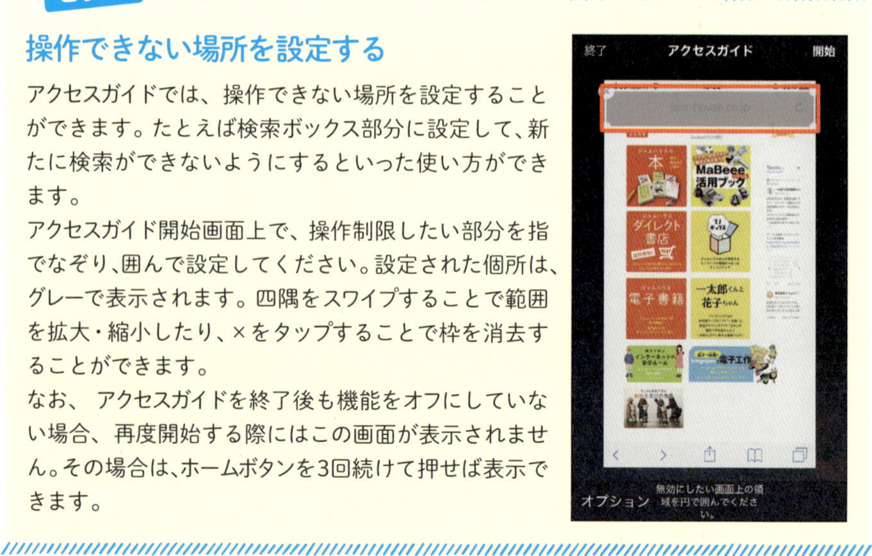

ヒント

操作できない場所を設定する

アクセスガイドでは、操作できない場所を設定することができます。たとえば検索ボックス部分に設定して、新たに検索ができないようにするといった使い方ができます。
アクセスガイド開始画面上で、操作制限したい部分を指でなぞり、囲んで設定してください。設定された個所は、グレーで表示されます。四隅をスワイプすることで範囲を拡大・縮小したり、×をタップすることで枠を消去することができます。
なお、 アクセスガイドを終了後も機能をオフにしていない場合、再度開始する際にはこの画面が表示されません。その場合は、ホームボタンを3回続けて押せば表示できます。

アクセスガイドを終了する

1

1. アクセスガイドを終了したい場合は、ホームボタンを3回続けて押します。

2

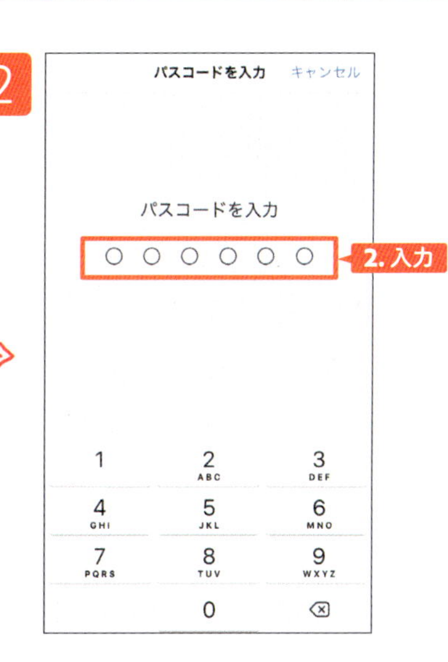

2. 設定したパスコードを入力します。

3

3. [終了]をタップします。

4

4. アクセスガイドが終了しました。P23の 9 で、Touch IDをオンにしていれば、登録した指紋で解除することもできます。

使用時間を設定する

1

1. 使用時間を設定したい場合は、アクセスガイド開始画面で[オプション]をタップします。

メモ

開始画面が表示されない場合は、再度ホームボタンを3回続けて押してください。

2

終了　アクセスガイド　再開

jam-house.co.jp

スリープ/スリープ解除ボタン

ボリュームボタン

動作

キーボード

タッチ

辞書検索

時間制限

完了

2. オンにする

2. [時間制限]の右にあるボタンをタップします。

3

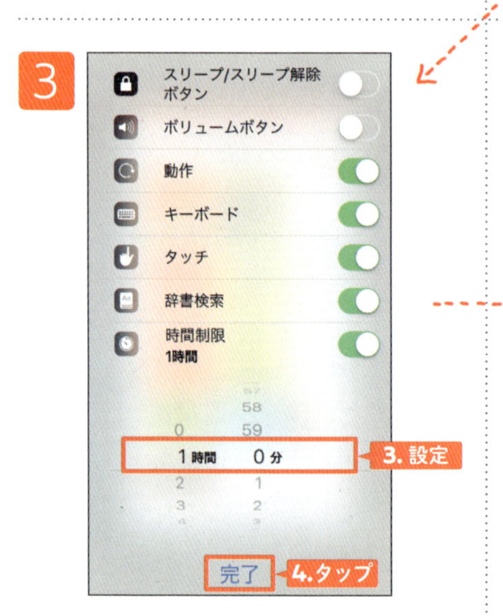

3. 時間を設定します。

4. [完了]をタップします。

4

5. [開始]をタップして、アクセスガイドを開始します。時間が終了すると、アプリが使えなくなります。

4 アプリの位置情報について確認しておこう

位置情報を利用すると、カメラで撮影した場所の緯度経度を保存したり、待ち合わせ場所を相手に簡単に伝えたりすることができます。けれども、これらの情報をオンにしたまま、撮影した写真をメールで送ると、自宅の場所や、今いる場所が知られてしまいます。どのアプリが位置情報を利用しているのか確認し、必要ないものはオフにしておきましょう。

位置情報を確認する

設定
サウンド
Siriと検索
Touch IDとパスコード
緊急SOS
バッテリー
プライバシー
2.タップ
iTunes StoreとApp Store
WalletとApple Pay
アカウントとパスワード

1. ホーム画面の[設定]をタップします。
2. [プライバシー]をタップします。

2

設定
プライバシー
位置情報サービス オン
3.タップ
連絡先
カレンダー
リマインダー
写真
Bluetooth共有
マイク
音声認識
カメラ
ヘルスケア
HomeKit

3. [位置情報サービス]をタップします。

3

4. [位置情報サービス]の右にあるボタンをタップします。

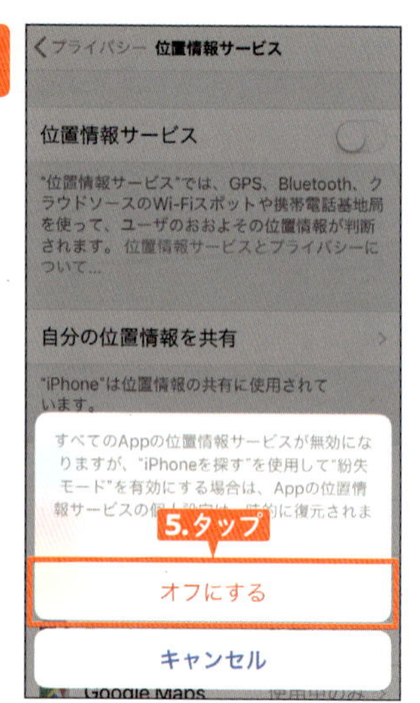

5. メッセージを確認し、[オフにする]をタップします。

ヒント

アプリごとに設定する

アプリごとに位置情報を使用するしないを設定したい場合は、[位置情報サービス]はオンにしたまま、下の一覧からアプリをタップして設定します。

ヒント

位置情報ってどんなもの？

スマホやデジタルカメラで撮影した写真には、「Exif（エグジフ）情報」と呼ばれるデータが含まれています。この中には、緯度経度の位置情報の他にも、撮影日時、画像方向などの情報が入っています。
TwitterやInstagram、FacebookなどのSNSでは、写真アップロード時にExif情報が自動で外れるようになっています。
ただし、使用するサービスによって設定は異なりますので、ヘルプセンターなどで位置情報の扱いについて確認しておきましょう。

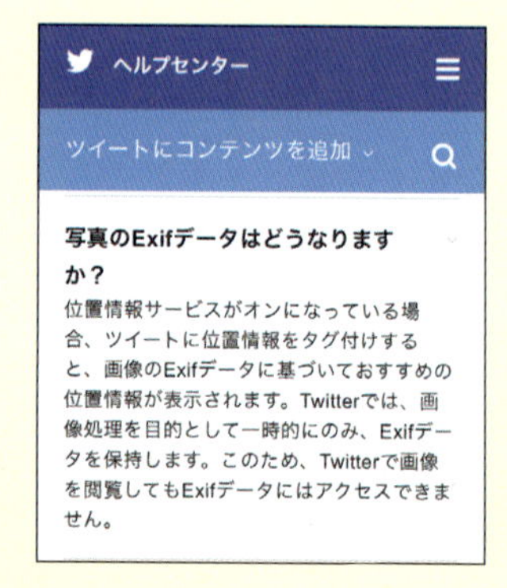

TwitterのExif情報の取り扱いについて、ヘルプセンターで確認。写真データにExif情報は保存されませんが、ツイートに位置情報をタグ付けすることはできます。

iPhoneに制限をかけられるアプリやサービス

iPhoneで使用時間を制限することができるアプリやサービスもあります。子どもがiPhoneを使っているけど、使いすぎが気になる、夜遅くは使わせたくないなどという場合に有効です。

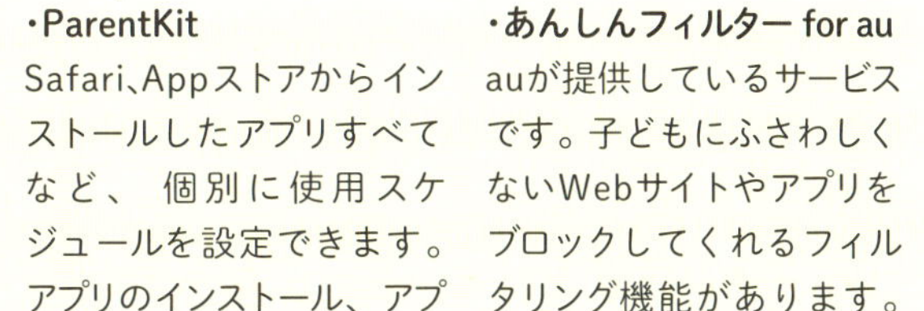

・kidslox

利用できる時間帯を設定したり、1日に使用できる時間を設定することができます。アプリやWebサイトの制限も可能です。日本語に対応しているので、設定も分かりやすくなっています。

開発：Kidslox Trading Ltd

・ParentKit

Safari、Appストアからインストールしたアプリすべてなど、個別に使用スケジュールを設定できます。アプリのインストール、アプリ内課金の制限、年齢に応じたコンテンツの制限も可能です。

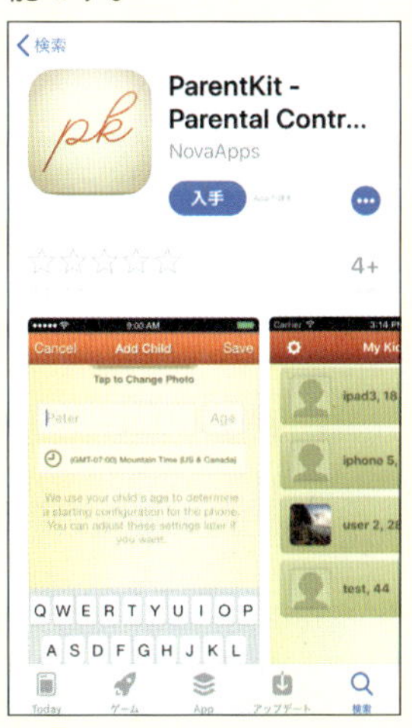

開発：NovaApps

・あんしんフィルター for au

auが提供しているサービスです。子どもにふさわしくないWebサイトやアプリをブロックしてくれるフィルタリング機能があります。また、曜日ごとに利用時間を設定できます。

開発：KDDI CORPORATION

第2章
Androidの安心設定

今や、大人も子どももスマートフォンを利用しています。
でも、スマホの中には個人情報など、大事な情報がたくさん詰まっています。こういった情報が漏れてしまわないよう気を付けなければいけません。
また、子どもにAndroidスマホを使わせている場合、年齢にふさわしくないようなアプリやゲームを利用して欲しくはありません。
Androidスマホには、こういったことを防ぐための設定が用意されています。まずはきちんと設定して安全に使えるようにしましょう。

誰かに勝手にスマホを使われないか心配

ロックをかけておけば、他の人がスマホを使うことはできなくなります
P32へ

ロックって数字じゃないとダメなの？

Androidでは、点を通るパターンを利用してロックすることができます
P32へ

子どもが
年齢にふさわしくない
アプリやゲームを
使わないか心配

年齢に合わせたアプリや
ゲームしかダウンロード
できないように、
保護者が制限することができます
P34へ

位置情報から
自分の家の場所が
わかっちゃったらどうしよう

位置情報は
利用しないように
設定することが
できます
P38へ

1 スマホが勝手に使われないようにロックしよう

スマホをテーブルの上に置いている間に、子どもが勝手に触って、ネットのサービスを利用してしまうかもしれません。勝手に操作されないように、必ずロックをかけておきましょう。Androidの場合には、パスワードのほかに、画面をなぞるパターンロックも利用できます。

指紋の登録をする

1. [アプリ一覧]の[設定]をタップします。

2. 画面を下方向にスクロールし、[セキュリティ]をタップします。

3. [画面ロック]をタップします。すでに画面ロックの設定がされている場合、このあとに現在設定しているパスワードやパターンを入力します。

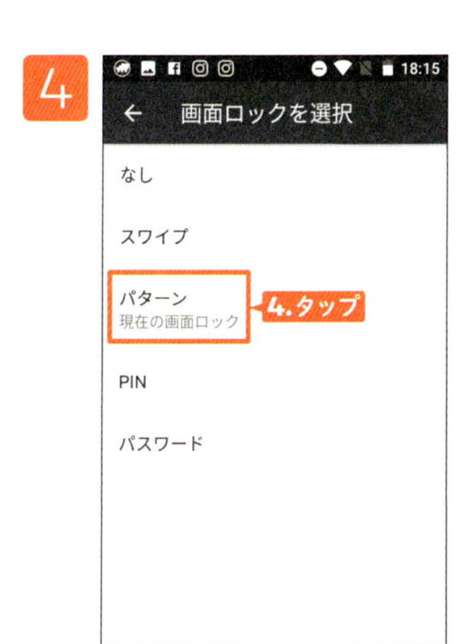

4. 画面ロックの方法を選択します。 ここでは、[パターン]をタップしています。

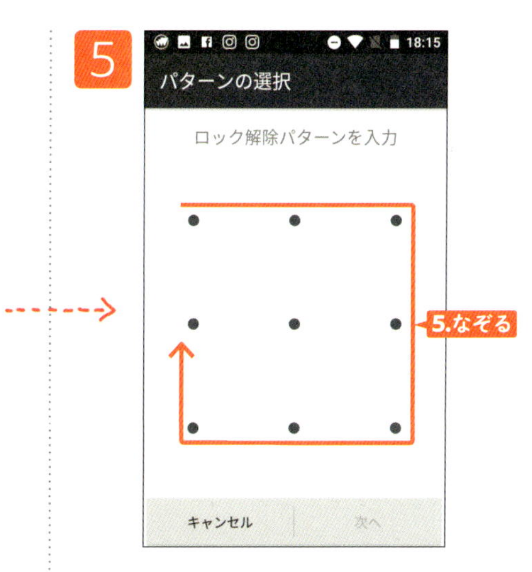

5. 9つの点のうち4点以上を通過するようになぞります。

6. パターンが記録されたら、[次へ]をタップします。この後、確認のため再入力します。

メモ

ロックの解除方法として、4文字以上のパスワード、4桁以上の数字PIN(ピン)も設定できます。パターンロックの有利な点は、パスワードの言葉や数字などと違い、類推されにくいことです。

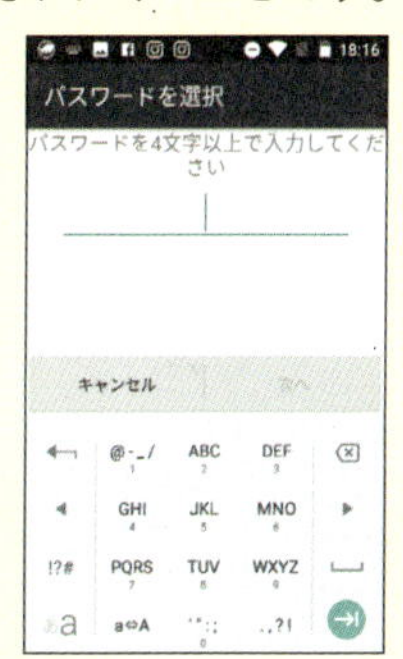

2 保護者の設定で利用アプリを制限しよう

Androidアプリは､Google Playからダウンロードできます。けれども中には子どもにふさわしくない表現を含むアプリもあります。 アプリには対象年齢が設定されているので、子どものスマホでは、年齢に応じてダウンロードできないようにしておきましょう。アプリ以外に、動画や音楽にも制限をかけられます。

アプリを制限する

1. ［アプリ一覧］の［Playストア］をタップします。

2. 左上のメニューアイコンをタップします。

3. メニューが表示されたら､［設定］をタップします。

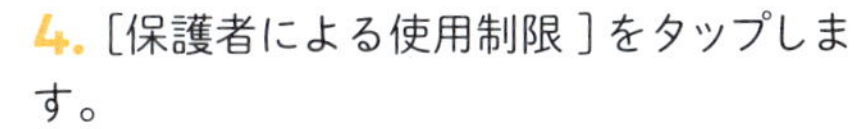
4. [保護者による使用制限]をタップします。

5. [保護者による使用制限]の右にあるボタンをタップします。

6. 設定を行う保護者だけが覚えておくPINを入力します。数字4文字で設定します。後で設定を変更するときには、PINの入力が求められるので、必ず覚えておきましょう。

7. [OK]をタップします。

8. 設定対象をタップします。ここでは[アプリとゲーム]をタップします。

9

9. 年齢設定の左にある○をタップします。
10. 下のほうにスクロールして、[保存]をタップします。

メモ

設定時に確認画面が表示されたら、[OK]をタップします。

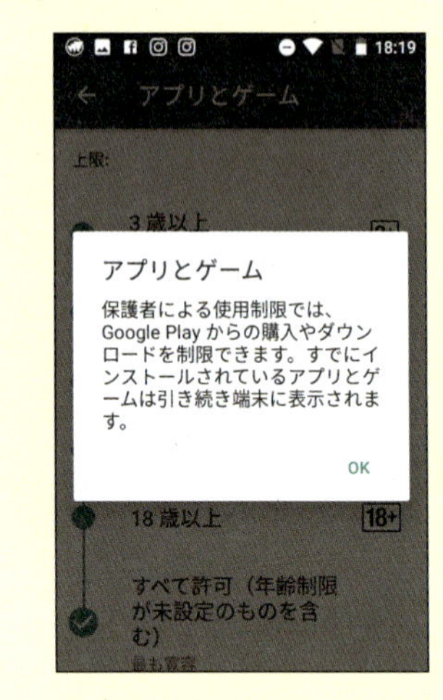

メモ

映画や音楽コンテンツの設定も行えます。映画では、年齢設定を選択できます。音楽では、露骨な表現を含む音楽を制限できます。
Androidで子どもの利用に制限をかけるには、他にも「i-フィルター」のようなフィルタリング機能を持つアプリをインストールする方法もあります（第7章参照）。

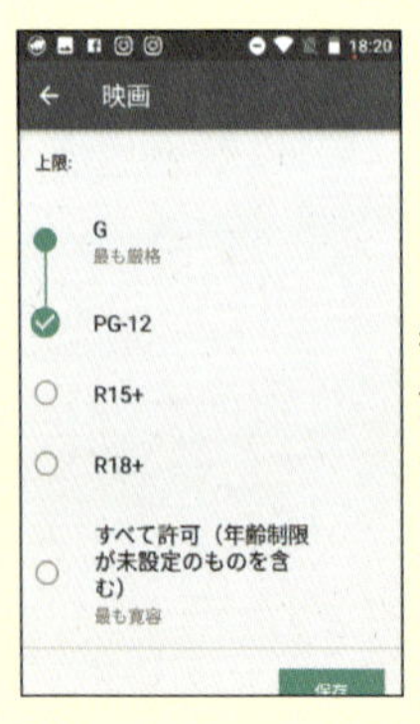

年齢に応じた映画の設定を行います。「PG-12」は、12歳以上で保護者が許可すれば良いという内容です。

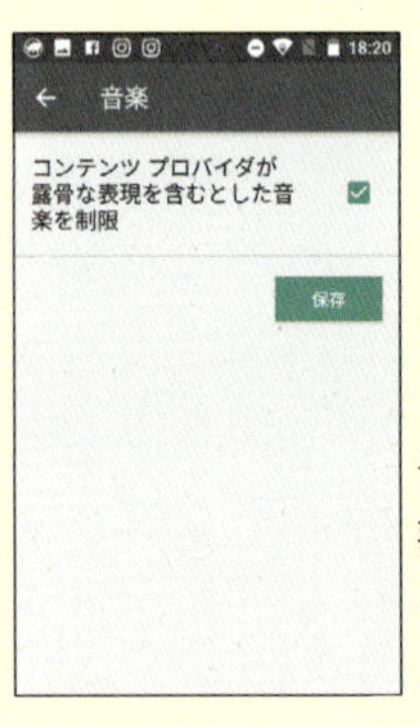

音楽の場合、過激な歌詞など露骨な表現を含むものを制限できます。

ヒント

セキュリティソフトを活用しよう

パソコンやスマホがコンピューターウイルスに感染すると、内部に保存したデータが盗み見られたり、データが破壊されたりします。あるいは、外部から勝手に操作されて、知らないうちにメールを送ったり、企業などのコンピューターに不正アクセスをしていることもあります。
そのため、今ではパソコンにセキュリティソフトを入れておくことは必須になっています。しかし近年では、スマホを対象にするウイルスも登場するようになり、対策が必要となりました。
特にAndroidでは、Google Play以外のサイトからもアプリをダウンロードできるため、ウイルス感染のキケンが高まっています。
Androidスマホを使っている場合、セキュリティアプリをインストールすることで、ウイルスに対抗できます。ここでは、カスペルスキーのアプリについてご紹介します。カスペルスキーは、パソコン、スマホの両方にセキュリティアプリを導入できるパッケージも用意しています。
セキュリティソフトの中には、ウイルス対策だけでなく、アプリを使えないようにロックするなど保護者向け機能や、着信や通知の拒否機能、盗難対策などを備えるものもあります。

無料の「カスペルスキー インターネット セキュリティ」ライト版は、簡易スキャンにより、ウイルス感染のチェックを行うことができます。

ウイルススキャンが完了すると、結果が表示されます。

さらに、有料版（年間3,024円）に移行することで、アプリロックやプライバシー保護などの機能が利用できるようになります。
※価格は税込み

3 アプリの位置情報について確認しておこう

位置情報を利用すると、カメラで撮影した場所の緯度経度を保存したり、待ち合わせ場所を相手に簡単に伝えたりすることができます。けれども、これらの情報をオンにしたまま、撮影した写真をメールで送ると、自宅の場所や、今いる場所が知られてしまいます。どのアプリが位置情報を利用しているのか確認し、必要ないものはオフにしておきましょう。

アプリを制限する

1

1. [アプリ一覧]の[設定]をタップします。

2

2. [位置情報]をタップします。

3

3. [位置情報]の[ON]の右にあるボタンをタップします。

4

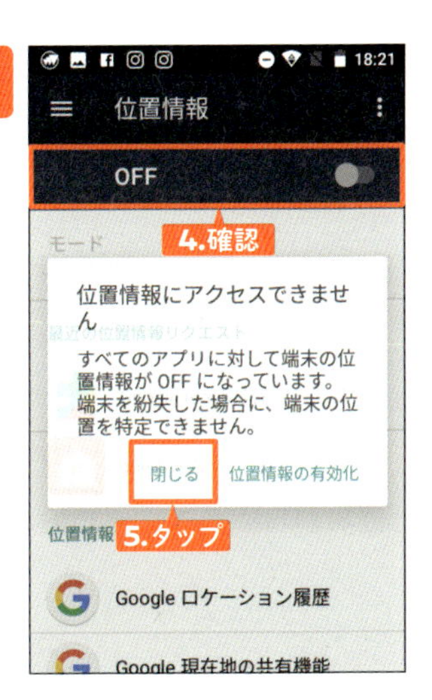

4. [位置情報]が[OFF]になります。
5. メッセージを確認して、[閉じる]をタップします。

ヒント

写真撮影時にオフにする

カメラを起動したときに、右下の設定ボタンをタップして、[位置情報を記録する]をオフにすると、撮影の都度オン／オフできます。

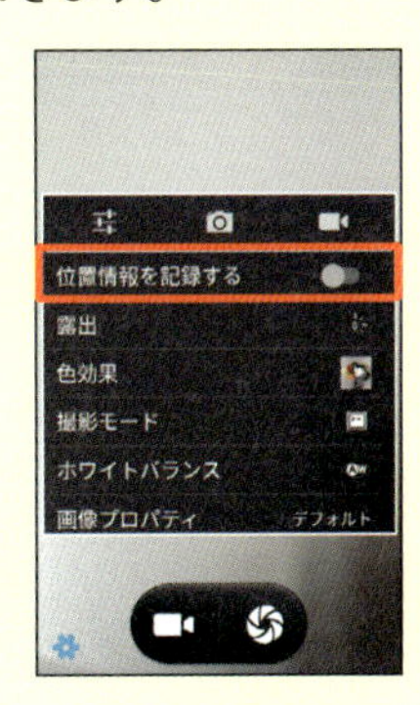

ヒント

位置情報ってどんなもの？

スマホやデジタルカメラで撮影した写真には、「Exif（エグジフ）情報」と呼ばれるデータが含まれています。この中には、緯度経度の位置情報の他にも、撮影日時、画像方向などの情報が入っています。
TwitterやInstagram、FacebookなどのSNSでは、写真アップロード時にExif情報が自動で外れるようになっています。
ただし、使用するサービスによって設定は異なりますので、ヘルプセンターなどで位置情報の扱いについて確認しておきましょう。

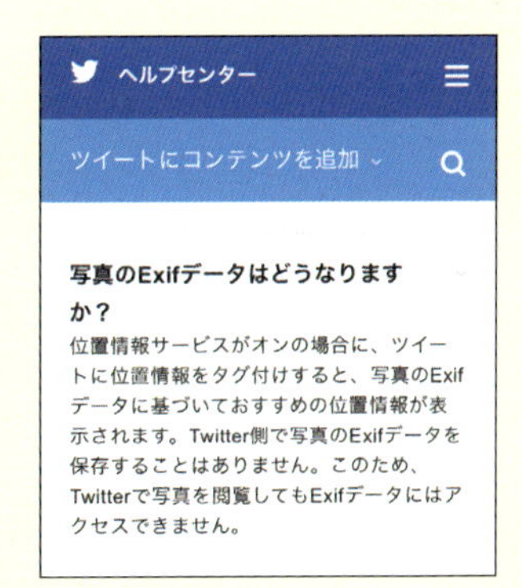

TwitterのExif情報の取り扱いについて、ヘルプセンターで確認。写真データにExif情報は保存されませんが、ツイートに位置情報をタグ付けすることはできます。

第3章 LINEの安心設定

スマホを持っている人同士で簡単に連絡が取り合えるLINEはとても便利なアプリです。
家族で、友だち同士で利用されている方も多いでしょう。
でも、いきなり友だちに登録されてしまったり、知らない人からメッセージが届いてしまったりということもあります。特に子どもが使っている場合は心配ですね。
きちんと設定して、自分の思う範囲内だけで使えるようにしておきましょう。

なんだか急に、あまり親しくない人が新しい友だちとして登録されちゃった

連絡先から自動的に友だちが追加されないように設定できます

P42へ

友だちを自動的に追加しないようにしていたのに、新しく友だちが追加されちゃった

自分の電話番号を知っている人が、勝手に友だちに追加できないよう設定できます

P44へ

全然知らない人が
新しい友だちとして
登録された！
なんで？

LINE IDで検索されて
しまったのかもしれません。
いつもは検索されないように
設定しておくようにしましょう
P46へ

LINEは
このスマホでしか
利用していないから安心？

LINEはスマホ以外からも
利用することができます。
他の端末からは
利用できないように
設定しておけば
セキュリティ度が増します
P48へ

知らない人から
メッセージが届いた！

友だち以外からのメッセージは
受け取らないように
することができます
P50へ

1 自動的に友だちを追加しないようにする

LINEには、スマホの連絡先に登録した相手がLINEを利用している場合、自動的に友だちに追加してくれる機能があります。便利な機能ではありますが、アドレス帳に登録してはいるものの、LINEではつながりたくはないという相手もいるでしょう。不用意に友だちを追加したくない場合は、この機能をオフにしておきましょう。

iPhoneの場合

1. LINEで[友だち]画面の左上の歯車のアイコンをタップします。

2. [設定]画面が開いたら、[友だち]をタップします。

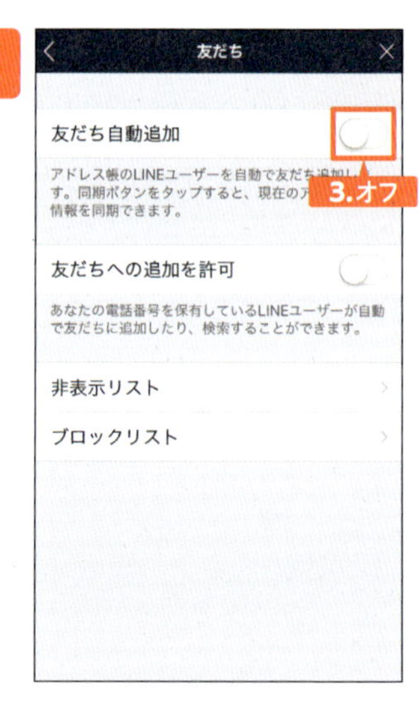

3. [友だち自動追加]の右にあるボタンをタップしてオフにします。

Androidの場合

1. LINEで[友だち]画面の右上の歯車のアイコンをタップします。

2. [設定]画面が開いたら、[友だち]をタップします。

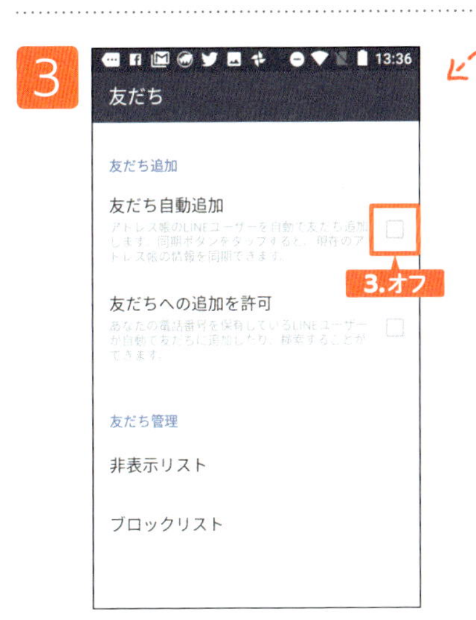

3. [友だち自動追加]の右側のボックスをタップしてオフにします。

ヒント

登録する際に設定する

勝手に友だちを追加しないようにする設定は、LINEをインストールして新規登録をする際にも行えます。名前を設定する画面で、[友だち自動追加]をオフにしてください。

2 勝手に友だちに追加されないようにする

[友だち自動追加]をオフにしていても、自分の電話番号を連絡先に登録した人が、[友だち自動追加]をオンにしている場合は、勝手に友だちに追加されてしまいます。電話番号を教えただけで友だちに登録されてしまうのはいやだというのであれば、[友だちへの追加を許可]をオフにしておきましょう。

iPhone の場合

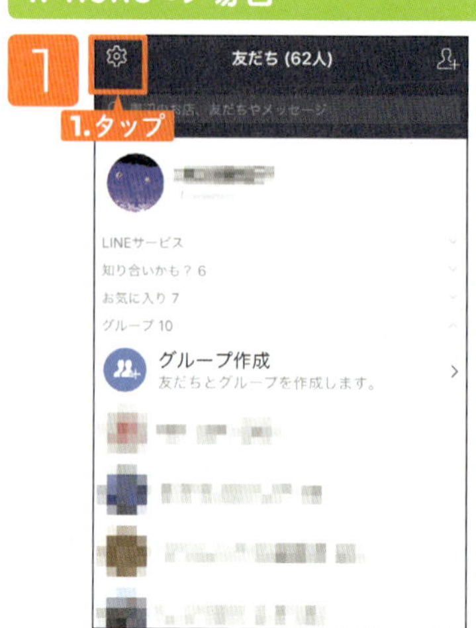

1. LINEで[友だち]画面の左上の歯車のアイコンをタップします。

2. [設定]画面で、[友だち]をタップします。

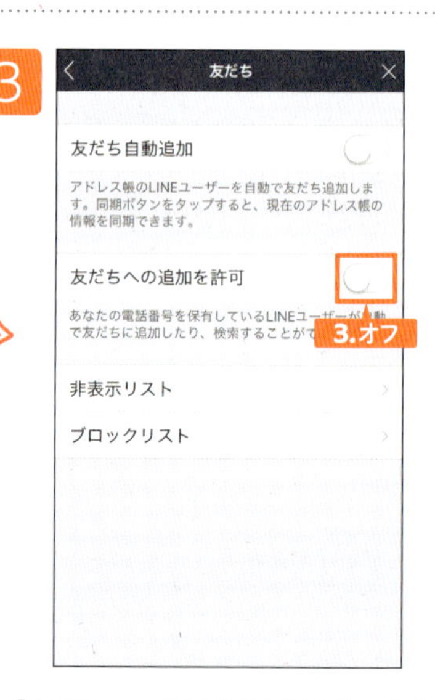

3. [友だちへの追加を許可]の右にあるボタンをタップしてオフにします。

Android の場合

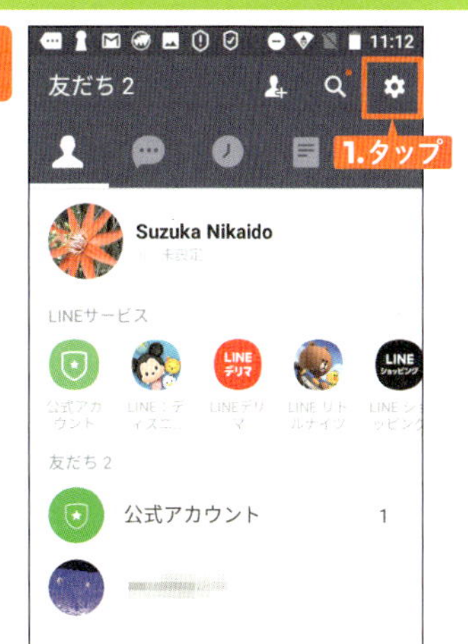

1. LINEで[友だち]画面の右上の歯車のアイコンをタップします。

2. [設定]画面が開いたら、[友だち]をタップします。

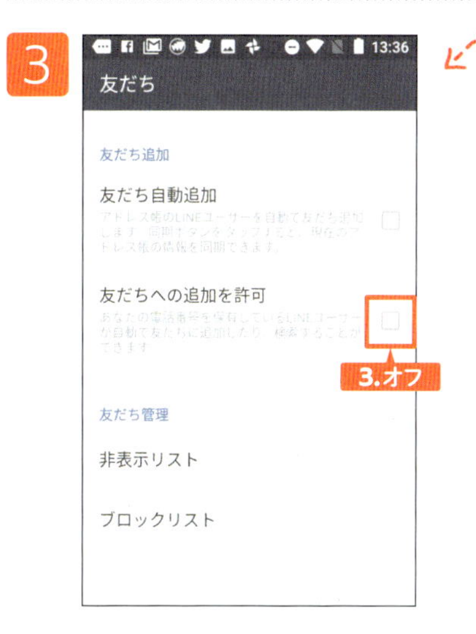

3. [友だちへの追加を許可]の右にあるボックスをタップしてオフにします。

ヒント

登録する際に設定する

勝手に友だちに追加されないようにする設定は、LINEをインストールして新規登録をする際にも行えます。名前を設定する画面で、[友だちへの追加を許可]をオフにしてください。

3 LINE IDで友だち追加されないようにする

LINE IDを設定しておけば、相手に簡単に検索してもらうことができて便利ですが、全然知らない人から検索されてしまう危険性もあります。LINE IDを使って検索してもらう機能を使いたい場合は、必要な時だけオンにし、普段は検索できないように設定しておくようにしましょう。

iPhoneの場合

1. LINEで［友だち］画面の左上の歯車のアイコンをタップします。

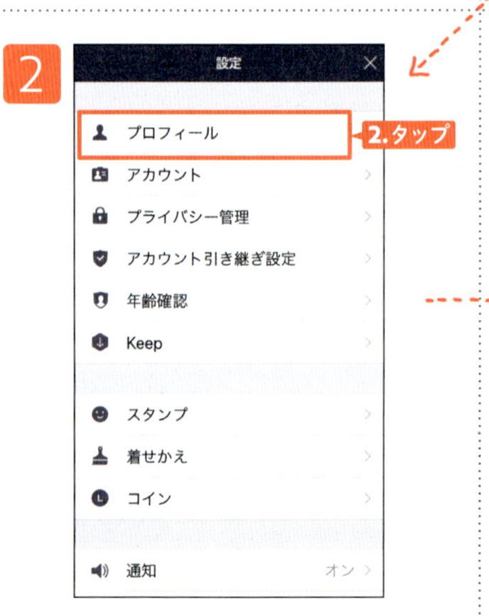

2. ［設定］画面で、［プロフィール］をタップします。

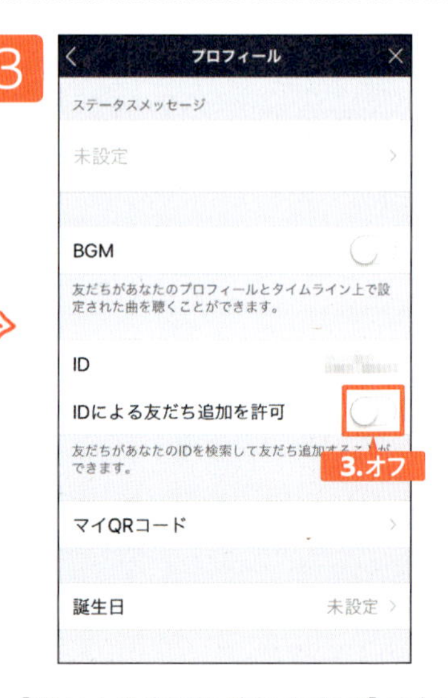

3. ［IDによる友だち追加を許可］の右にあるボタンをタップしてオフにします。

Android の場合

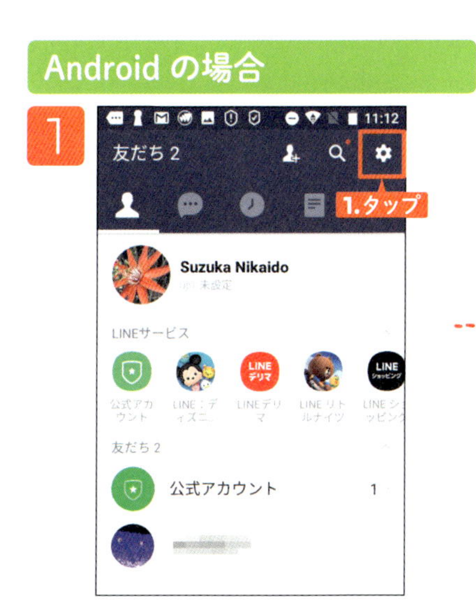

1. LINEで［友だち］画面の右上の歯車のアイコンをタップします。

2. ［設定］画面で、［プロフィール］をタップします。

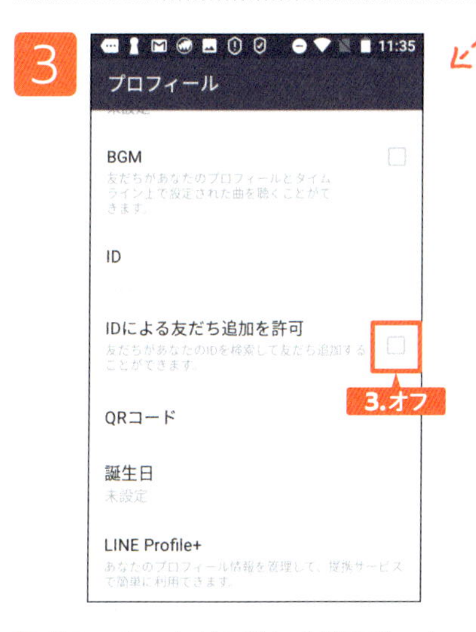

3. ［IDによる友だち追加を許可］の右にあるボックスをタップしてオフにします。

ヒント

LINE IDとは？

LINE IDは、LINEサービス上でユーザーを認識するためのキーです。電話番号を知らない相手とも、LINE IDで検索することで友だちになることができます。ただし、青少年保護のため、18歳未満の場合は、LINE IDを使った検索は利用できないようになっています。なお、LINE IDは、一度設定すると、変更することはできません。

4 スマホ以外からログインできないようにする

LINEのアカウントを乗っ取られてしまうと、詐欺メールを友だちに送られてしまうなど、いろいろな問題が起こります。LINEはパソコンやタブレットなどからもログインすることが可能ですが、セキュリティを高めるためには、他の端末からはログインできないように設定しておく方が安心です。必要な時だけ、設定を変更して使用するようにしましょう。

iPhone の場合

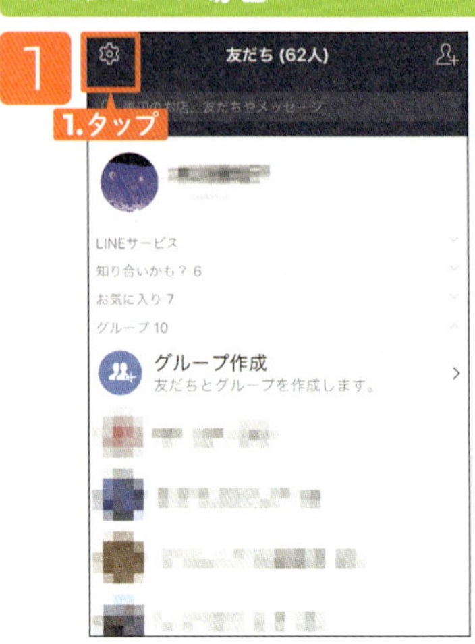

1. LINEで[友だち]画面の左上の歯車のアイコンをタップします。

2. [設定]画面で、[アカウント]をタップします。

3. [ログイン許可]の右にあるボタンをタップしてオフにします。

Android の場合

1. LINEで[友だち]画面の右上の歯車のアイコンをタップします。

2. [設定]画面で、[アカウント]をタップします。

3. [ログイン許可]の右にあるボックスをタップしてオフにします。

メモ

LINEはパソコンからも利用することができるため、スマホやタブレットを持っていない人でも、LINEを使って友だちとトークすることが可能になります。しかし、通常スマホやタブレットでLINEを利用しているのであれば、パソコン版を利用することはほとんどないと思うので、 ほかの端末からのログインは制限しておいたほうが安心でしょう。

5 友だち以外のメッセージを拒否する

自分は友だちに登録していなくても、相手が自分のことを友だち登録していれば、メッセージを送ることができます。迷惑メールが送られてくる可能性もあるので、友だち以外からのメッセージは受け取らないように設定しておきましょう。

iPhone の場合

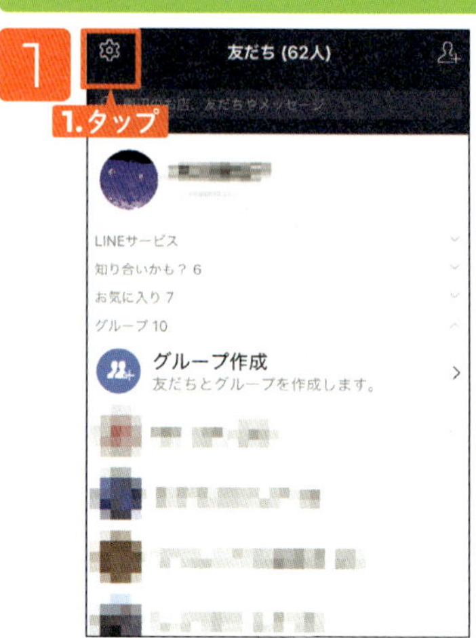

1. LINEで[友だち]画面の左上の歯車のアイコンをタップします。

2. [設定]画面で、[プライバシー管理]をタップします。

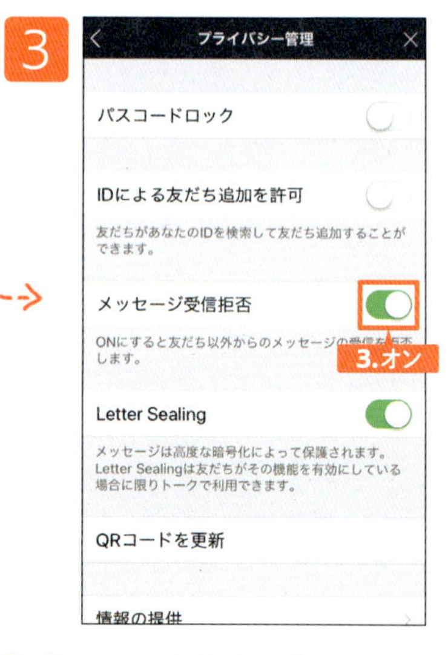

3. [メッセージ受信拒否]の右にあるボタンをタップしてオンにします。

Androidの場合

1

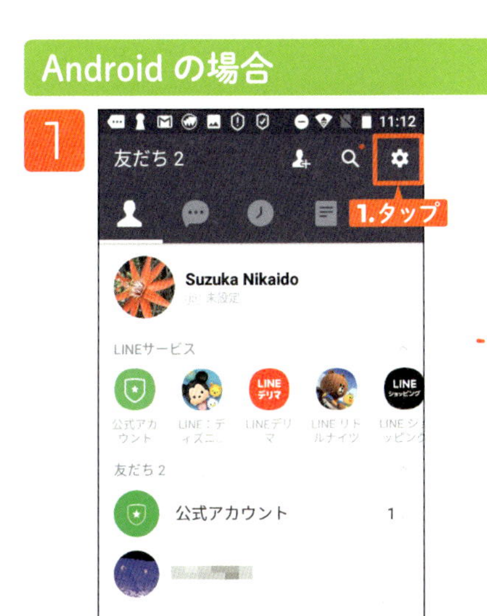

1. LINEで[友だち]画面の右上の歯車のアイコンをタップします。

2

2. [設定]画面で、[プライバシー管理]をタップします。

3

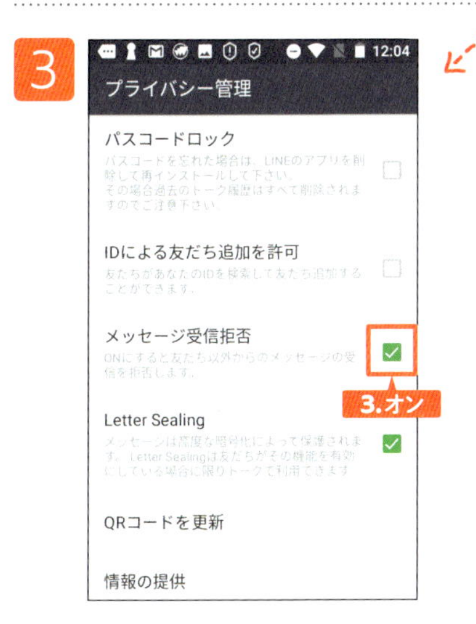

3. [メッセージ受信拒否]の右にあるボックスをタップしてオンにします。

ヒント

LINEでいじめにあったら……

LINEでのやりとりは、当事者同士の間だけで行われるため、いじめが行われていても表面化しにくいのが問題です。また、こういったネットでのいじめの場合、削除されると証拠が残りません。
もしもいじめにあってしまったら、とりあえずスクリーンショットで証拠を残しておくようにしましょう。iPhoneの場合は、電源ボタンとホームボタンを同時に押す、Androidの場合は、電源ボタンと音量を下げるボタンを同時に押せば簡単にスクリーンショットを撮ることができます。

第4章
Twitterの安心設定

気軽に今思っていること、他の人と共有したいことをつぶやけるTwitterは、いろんな人とのつながりを持てて使っていて楽しいですよね。
でも、まったく知らない人にも見られてしまうのはちょっとイヤだなとか、個人を特定されたくないこともあります。
自分の投稿がどのような人たちに見られるのか、自分の情報が漏れないようにするにはどうしたらいいのか、しっかり確認しておきましょう。

友だちに見せようと思って子どものことを投稿していたら、知らない人から「いいね！」されて心配になった

フォロワーだけにツイートを公開することができます P54へ

位置情報を付けてツイートしていたら、自宅の場所がわかっちゃったみたい？

なんにでも位置情報を付けるのはキケンです。必要な時以外は付けないようにしましょう P56へ

Twitterを利用していると
教えていない人から、
いきなり
フォローされてしまった

メアドや電話番号から
個人を特定されないよう
設定することができます
P58へ

友だちのツイートの写真に
タグ付けされて、
自分の動向が
知られてしまった

勝手に
タグ付けされないように
設定しておきましょう
P61へ

全然知らない人から
メッセージが
送られてきた

フォローしている人から
しかメッセージを
受け取れないように
設定できます P64へ

フォローしたけど、
その人の投稿を
見たくなくなった

あるユーザーの
投稿を見ないようにしたり、
ブロックすることが
できます P66へ

1 ツイートを非公開にする

Twitterの初期設定では、ツイートは全体に公開されるようになっています。気軽になんでも投稿していたら、まったく自分の知らない人たちからも見られていたということになるわけです。自分のフォロワーだけが閲覧できるようにしたい場合は、ツイートを非公開にします。

iPhone の場合

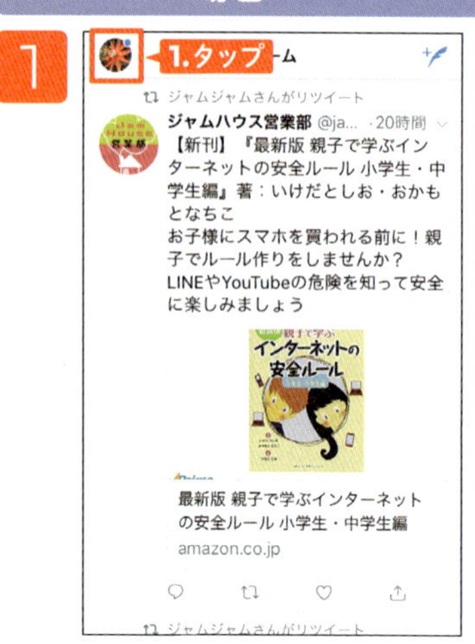

1. Twitterで、 左上のプロフィールアイコンをタップします。

2. [設定とプライバシー]をタップします。

3. [プライバシーとセキュリティ]をタップします。

4

4. ［ツイートを非公開にする ］の右にあるボタンをタップしてオンにします。

Android の場合

1

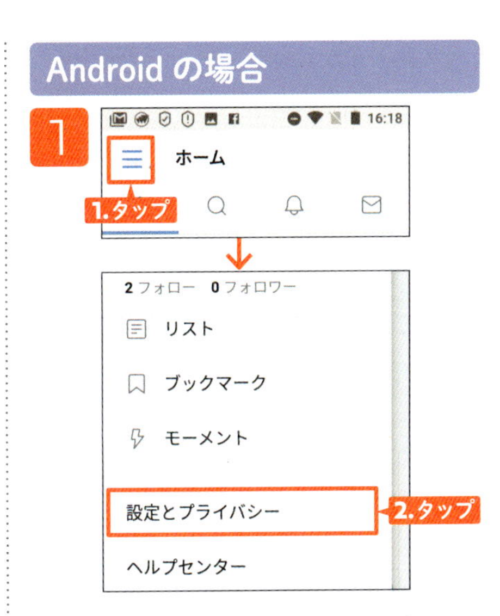

1. Twitterで、左上のアイコンをタップします。
2. ［設定とプライバシー］をタップします。

2

3. ［プライバシーとセキュリティ］をタップします。

3

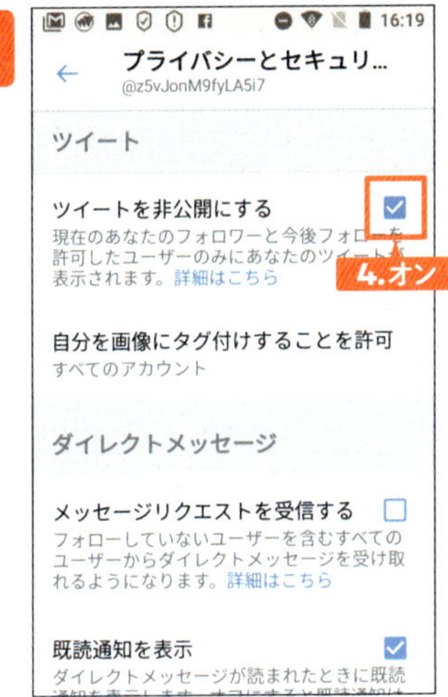

4. ［ツイートを非公開にする ］の右にあるボックスをタップしてオンにします。

2 位置情報付きのツイートをしない

ツイートする際には、現在地の情報を付け加えることができます。知り合いに自分の今いる位置を伝えたい時や、ツイートした場所を記録しておきたい時には便利な機能ですが、自宅や学校、職場などを特定されてしまう危険性もあります。必要な時以外は位置情報を付けたツイートをしないように気を付けましょう。

iPhone の場合

1

1. ホーム画面の[設定]をタップします。
2. [Twitter]をタップします。

2

3. [位置情報]をタップします。

3

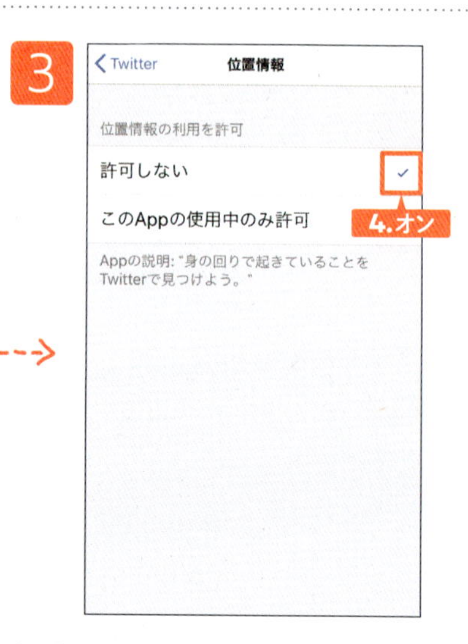

4. [許可しない]をタップしてオンにします。

Android の場合

1. [アプリ一覧]の[設定]をタップします。

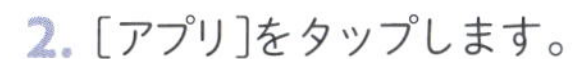
2. [アプリ]をタップします。

3. [Twitter]をタップします。

4. [権限]をタップします。

5. [位置情報]の右にあるボタンをタップしてオフにします。

3 メールアドレスや電話番号で検索されないようにする

Twitterでは、登録されているメールアドレスや電話番号から、相手を探し出すことができます。初期設定では、この機能はオンになっています。ただし、あまり個人を特定されたくないという場合は、検索できないように設定しておくとよいでしょう。

iPhoneの場合

1. Twitterで左上のプロフィールアイコンをタップします。

2. [設定とプライバシー]をタップします。

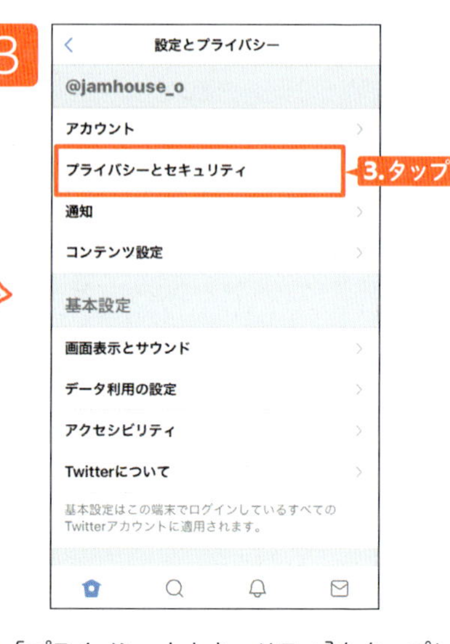

3. [プライバシーとセキュリティ]をタップします。

4

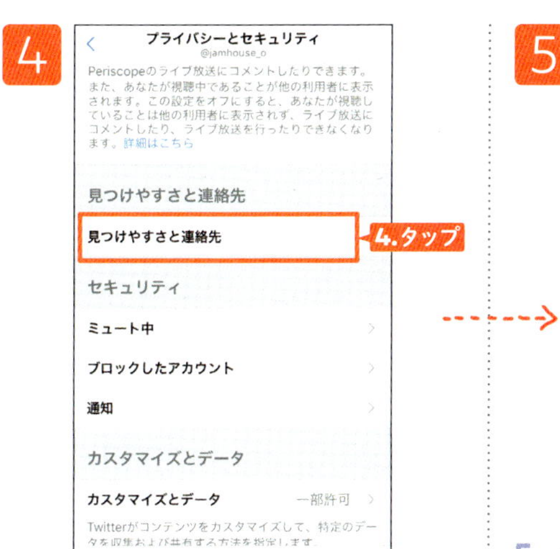

4. [見つけやすさと連絡先]をタップします。

5

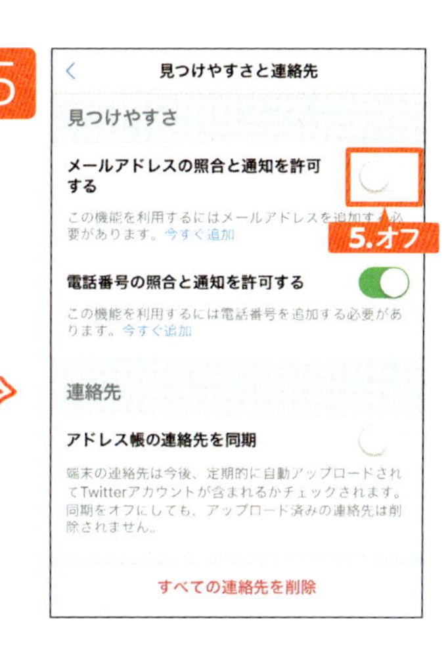

5. メールアドレスから検索されないようにするには、[メールアドレスの照合と通知を許可する]の右にあるボタンをタップしてオフにします。

6

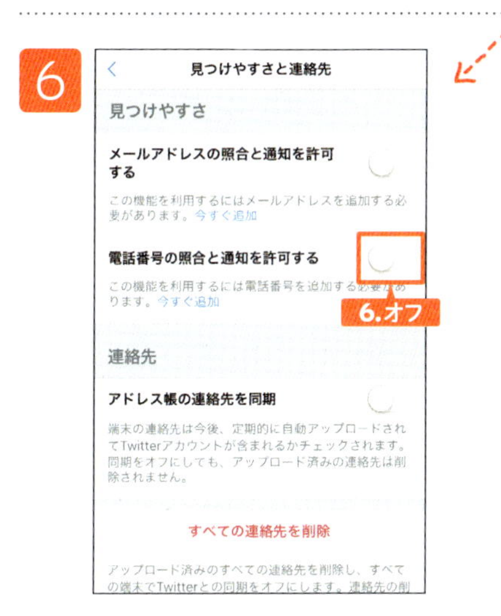

6. 電話番号から検索されないようにするには、[電話番号の照合と通知を許可する]の右にあるボタンをタップしてオフにします。

Android の場合

1

1. Twitterで左上のプロフィールアイコンをタップします。

2. [設定とプライバシー]をタップします。

3. ［プライバシーとセキュリティ］をタップします。

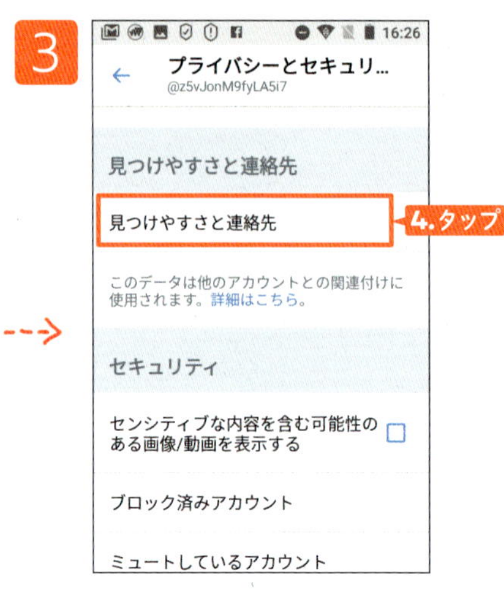

4. ［見つけやすさと連絡先］をタップします。

5. メールアドレスから検索されないようにするには、［メールアドレスの照合と通知を許可する］の右にあるボックスをタップしてオフにします。

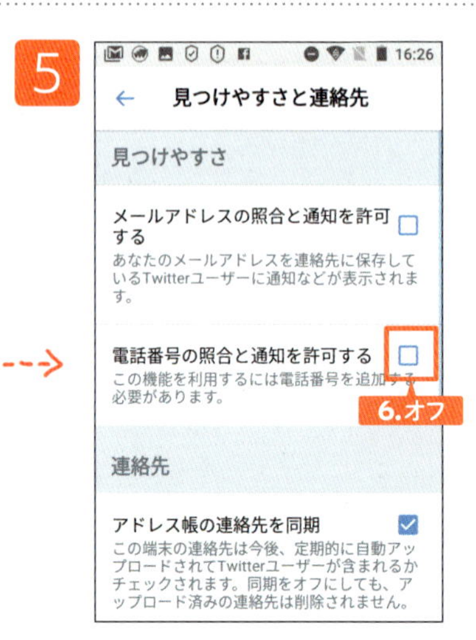

6. 電話番号から検索されないようにするには、［電話番号の照合と通知を許可する］の右にあるボックスをタップしてオフにします。

4 写真にタグ付けされないようにする

Twitterに投稿する写真には、ユーザーをタグ付けすることができます。一緒に写っている人、一緒にその場にいた人をタグ付けすることで、投稿を見た人に、そのことを知らせることができるのです。ただし、それがイヤだという人もいるでしょう。そういう場合は、勝手にタグ付けされないよう、あらかじめ設定しておくことができます。

iPhoneの場合

1. Twitterで左上のプロフィールアイコンをタップします。

2. [設定とプライバシー]をタップします。

3. [プライバシーとセキュリティ]をタップします。

4.［自分を画像にタグ付けすることを許可］をタップします。

5.［自分を画像にタグ付けすることを許可］の右にあるボタンをタップしてオフにします。

ヒント

タグ付けできる範囲を設定する

知らない人からタグ付けされるのはイヤだけど、知り合いにタグ付けされるのはかまわないという場合は、タグ付けできる範囲を設定しましょう。［自分を画像にタグ付けすることを許可］をオンにすると、［すべてのアカウント］と［フォロー中のアカウントのみ］という選択肢が表示されます。［フォロー中のアカウントのみ］に設定しておけば、自分がフォローしている相手だけが写真にタグ付けできるようになります。

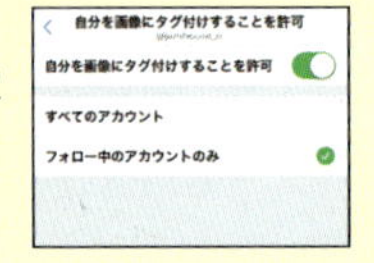

1. Twitterで、左上のアイコンをタップします。
2. ［設定とプライバシー］をタップします。

2

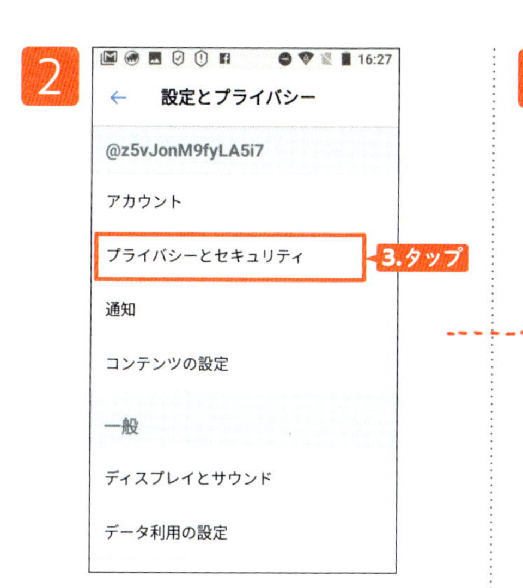

3. [プライバシーとセキュリティ]をタップします。

3

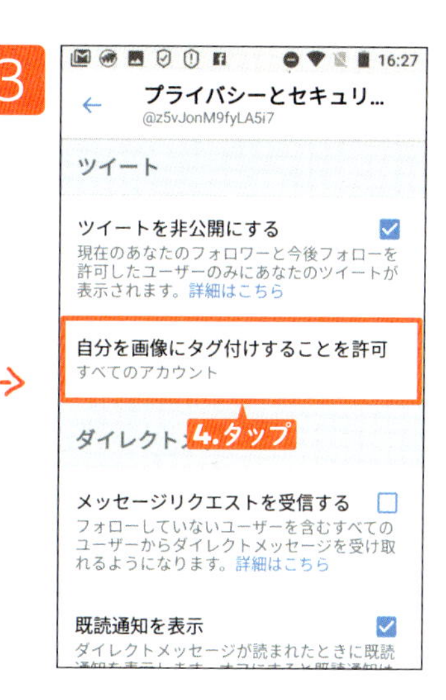

4. [自分を画像にタグ付けすることを許可]をタップします。

4

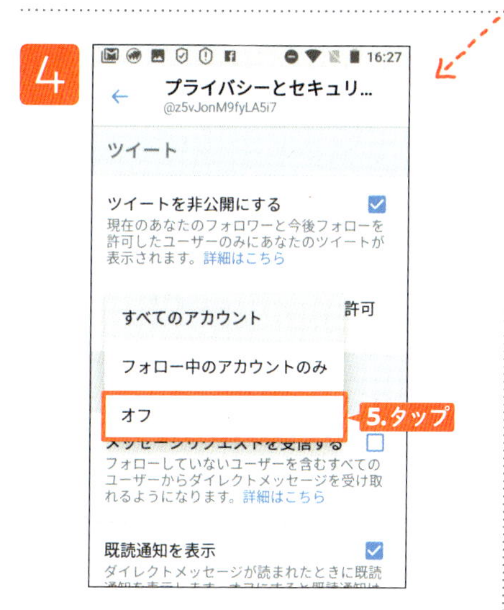

5. [オフ]をタップします。

ヒント

タグ付けできる範囲を設定する

知らない人からタグ付けされるのはイヤだけど、知り合いにタグ付けされるのはかまわないという場合は、タグ付けできる範囲を設定しましょう。4 で[フォロー中のアカウントのみ]を選択すれば、自分がフォローしいている相手だけが写真にタグ付けできるようになります。

知らない人からのメッセージを受け取らないようにする

Twitterは、特定の人宛にダイレクトメッセージを送る機能もあります。初期設定では、まったく知らない人も含めて、誰からでもメッセージを受け取ることができるようになっているので、フォローしている人からのメッセージしか受け取りたくない場合は、設定を変更しましょう。

iPhoneの場合

1

1. Twitterで左上のプロフィールアイコンをタップします。

2

2. [設定とプライバシー]をタップします。

3

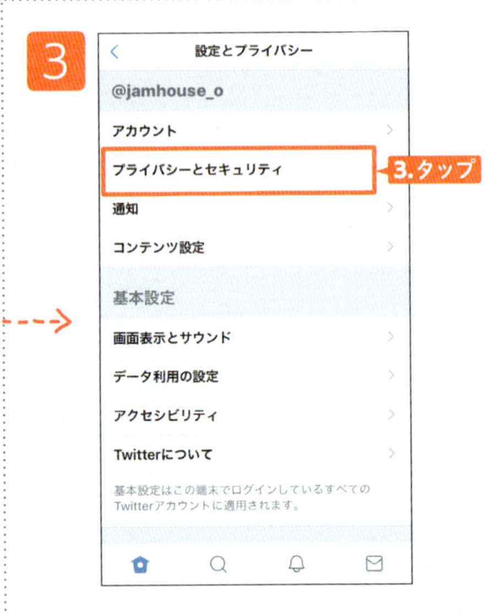

3. [プライバシーとセキュリティ]をタップします。

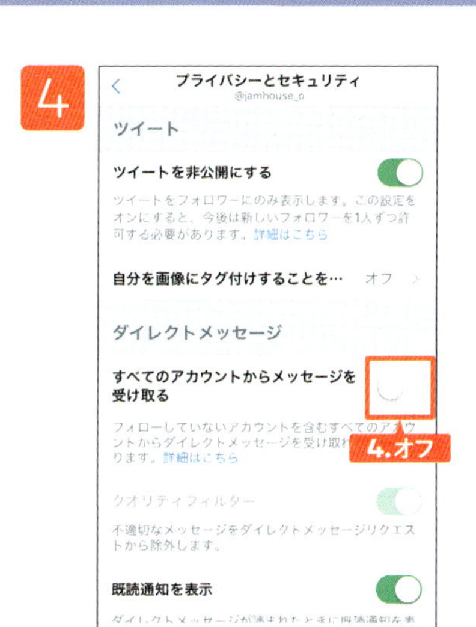

4. ［すべてのアカウントからメッセージを受け取る］の右にあるボタンをタップしてオフにします。

Android の場合

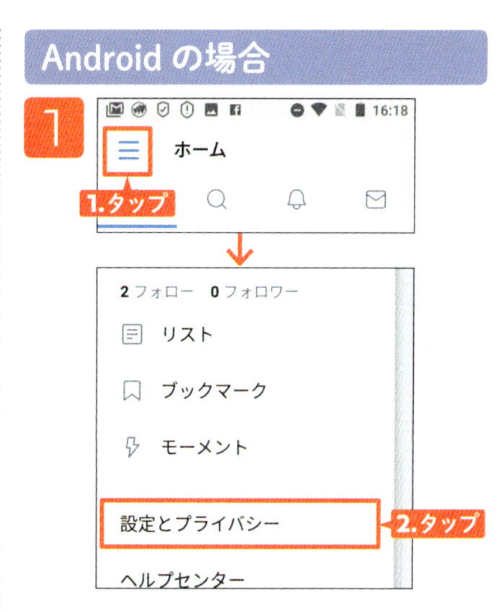

1. Twitterで、左上のアイコンをタップします。
2. ［設定とプライバシー］をタップします。

3. ［プライバシーとセキュリティ］をタップします。

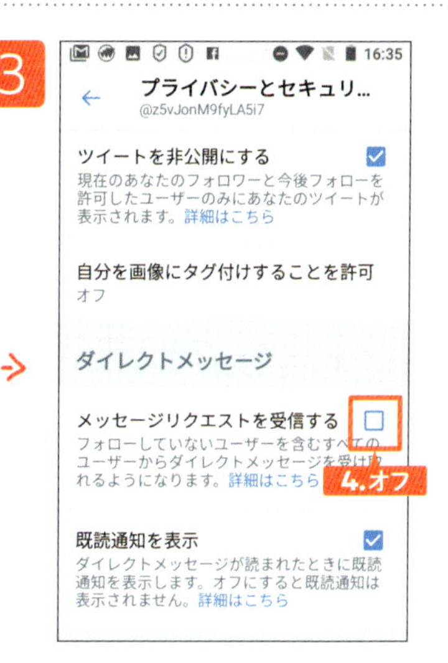

4. ［メッセージリクエストを受信する］の右にあるボックスをタップしてオフにします。

6 見たくないツイートをブロックする

いったんフォローしたものの、その人のツイートを見たくなくなったら、ブロックすることができます。フォローはしたまま、投稿をタイムラインに表示したくない場合は「ミュート」に、相手を完全にシャットアウトしたい場合は「ブロック」しましょう。
ただし、ブロックすると、相手にもそのことが分かってしまうので気を付けてください。

iPhoneでアカウントをミュートする

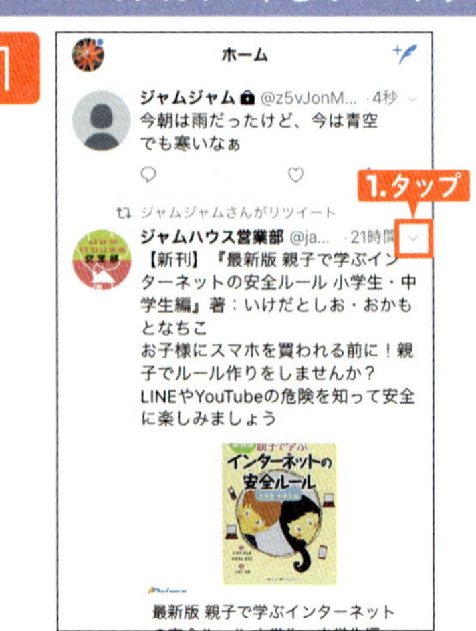

1. Twitterでミュートしたい相手のツイートの右上にある[v]をタップします。

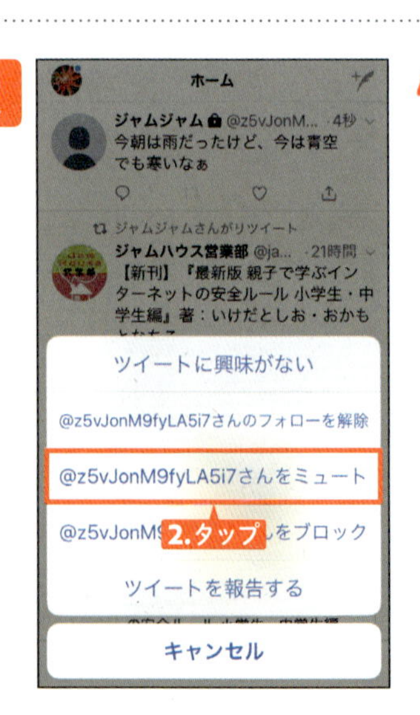

2. [○○さんをミュート]をタップします。

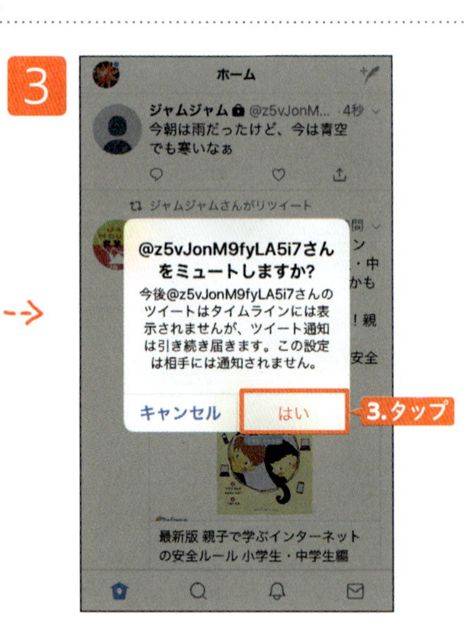

3. 確認のメッセージが表示されるので、[はい]をタップします。

4. ミュートが設定されました。

iPhoneでアカウントをブロックする

1. Twitterでブロックしたい相手のツイートの右上にある[v]をタップします。

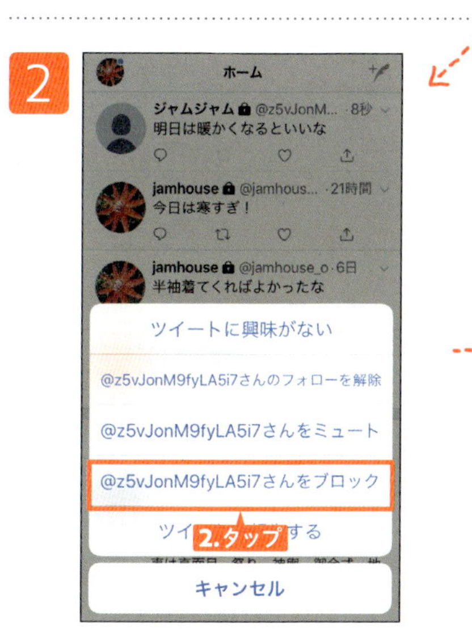

2. [○○さんをブロック]をタップします。

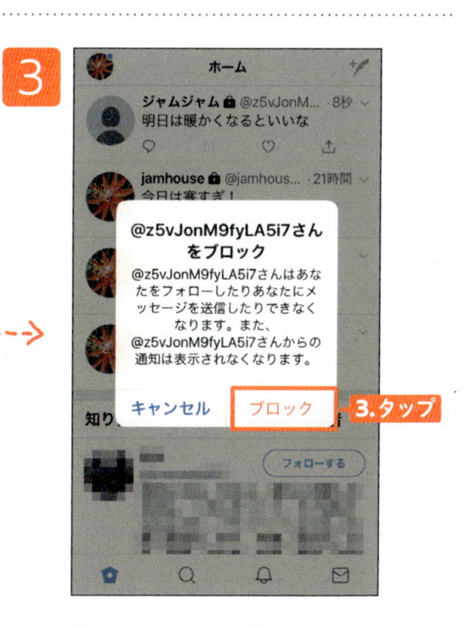

3. 確認のメッセージが表示されるので、[ブロック]をタップします。

4. アカウントがブロックされました。

ヒント

ミュートとブロックの違い

ミュートもブロックも、相手のツイートが見られなくなるということでは同じです。大きな違いは、相手にそのことが分かるか分からないかです。

ミュートの場合は、フォローもそのまま、通知やダイレクトメッセージも届きます。ところが、ブロックの場合は、フォローも解除され、通知もダイレクトメッセージも届かなくなってしまいます。

相手との関係を断ってもかまわないというのであればブロックを、関係は保ったままで、ツイートは表示させたくないのであればミュートに設定しましょう。

ヒント

ミュートやブロックの解除

ミュートやブロックを解除したい場合は、[設定とプライバシー]－[プライバシーとセキュリティ]と操作します。ミュートの場合は、[ミュート中]－[ミュートしているアカウント]と操作し、解除したいアカウントの赤いミュートアイコンをタップします。ブロックの場合は、[ブロックしたアカウント]をタップし、解除したいアカウントをタップしてプロフィールを表示し、[ブロック中]をタップし、[ブロックを解除する]をタップしてください。

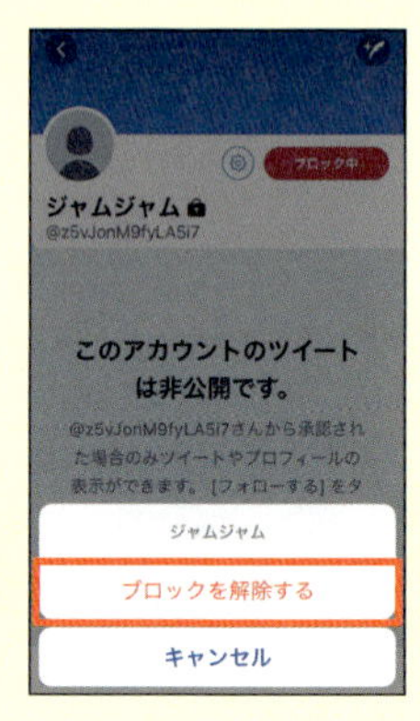

Androidでアカウントをミュートする

1

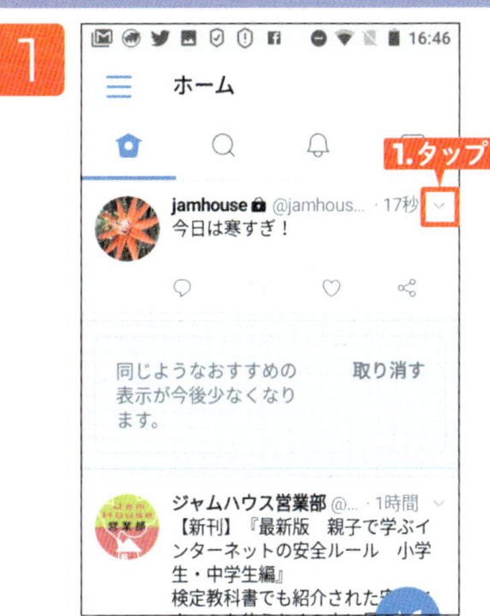

1. Twitterでミュートしたい相手のツイートの右上にある[v]をタップします。

2

2. [○○さんをミュート]をタップします。

3

3. ミュートが設定されました。

Android でアカウントをブロックする

1

1. Twitterでブロックしたい相手のツイートの右上にある[v]をタップします。

2

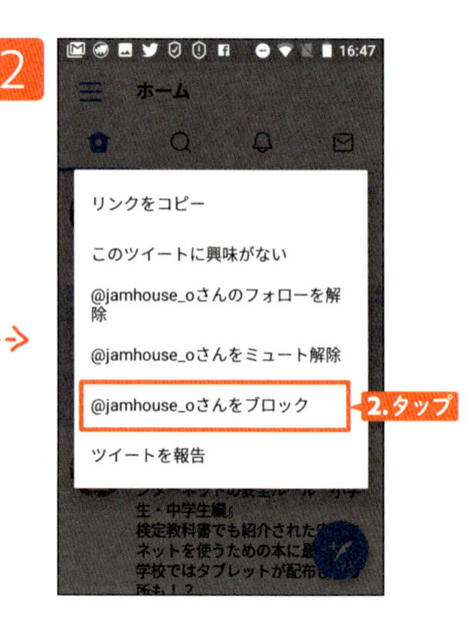

2. [○○さんをブロック]をタップします。

3

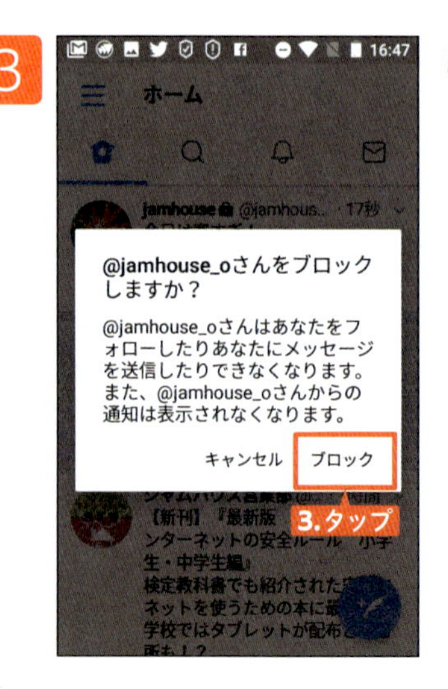

3. 確認のメッセージが表示されるので、[ブロック]をタップします。

ヒント

ミュートとブロックの違い

ミュートもブロックも、相手のツイートが見られなくなるということでは同じです。大きな違いは、相手にそのことが分かるか分からないかです。

ミュートの場合は、フォローもそのまま、通知やダイレクトメッセージも届きます。ところが、ブロックの場合は、フォローも解除され、通知もダイレクトメッセージも届かなくなってしまいます。

相手との関係を断ってもかまわないというのであればブロックを、関係は保ったままで、ツイートは表示させたくないのであればミュートに設定しましょう。

ヒント

ミュートやブロックの解除

ミュートやブロックを解除したい場合は、[設定とプライバシー]－[プライバシーとセキュリティ]と操作します。ミュートの場合は、[ミュートしているアカウント]をタップし、解除したいアカウントの赤いミュートアイコンをタップします。ブロックの場合は、[ブロック済みアカウント]をタップし、解除したいアカウントをタップしてプロフィールを表示し、[ブロック済み]をタップしてください。

ヒント

どうしてTwitterで炎上するの？

Twitterでよく問題になるのが「炎上」です。ツイートした内容に批判が集中し、収集がつかなくなってしまう状態を指します。では、なぜよくTwitterで炎上が起こるのでしょうか。それにはまず、Twitterの「匿名性」が挙げられます。Twitterでは、アカウントは本名で登録する必要がないので、匿名で利用している人が多くいます。書いた人が特定されないため、不用意な投稿を行いがちであり、またそれに対して痛烈に批判することに抵抗が少ないのです。

また、初期設定のままで使用している場合、ツイートは全体に公開されてしまいます。フォロワーしか見ていないだろうと思っていたのが、誰でも見れるようになっていたと言う場合もあります。たとえ、公開を制限していたとしても、誰かがリツイートしてしまったら広まってしまうことだってあるのです。

公開範囲の設定を行うことも必要ですが、ツイートをする際には、投稿する前に一度内容を見直すよう、習慣づけるとよいでしょう。

第5章
Instagramの安心設定

誰でも気軽に写真や動画を共有できるInstagramは、最近ユーザーがどんどん増えています。
「インスタ映え」という言葉もあるくらいです。
でも、中には投稿された写真に関係ない宣伝などのコメントを書き込む人や、ネガティブなコメントを書く人もいます。そんな目にあわないよう、知り合いの間だけで楽しみたいと思う人は、きちんと設定を見直しましょう。

全然知らない人から
写真について
コメントされて
いやな思いをした

フォロワーだけしか
投稿を見られないように
設定できます
P74へ

会社の知り合いから、
急に
「インスタやってるでしょ」
と言われた

連絡先から
アカウントが検索されないように
しておきましょう
P77へ

全然知らない人のページで、
私が「おすすめユーザー」として
表示されているみたい

自分のアカウントが
おすすめとして
表示されないように
設定できます
P79へ

みんなに
写真を見てもらうのは
いいんだけど、
いやなコメントを
付ける人がいないか心配

自動的に
いじめコメントを
ブロックする機能があります
P79へ

1 知らない人に投稿を見られないようにする

Instagramでは、キーワードからユーザーを検索することができます。もしも他の人に自分の投稿を見られたくないのであれば、共有範囲の設定を「非公開」にします。非公開にすると、投稿はフォロワーにしか見られなくなります。仲間内だけでInstagramを楽しみたいという場合にも有効です。

iPhoneの場合

1. Instagramで、右下のプロフィールアイコンをタップします。

2. 右上の[…]をタップします。

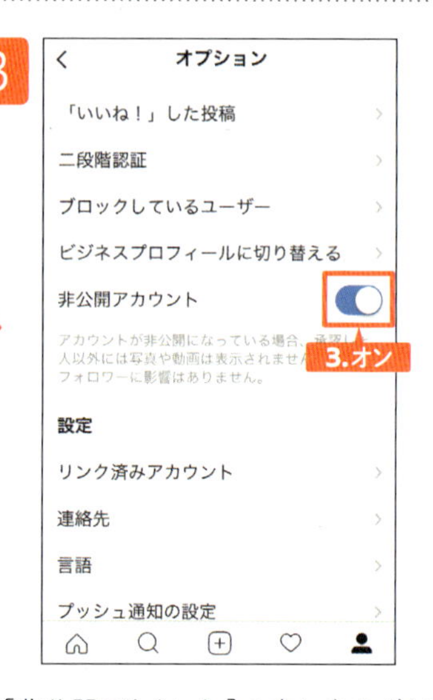

3. ［非公開アカウント］の右にあるボタンをタップしてオンにします。

4. 非公開にしたアカウントは、 フォロワー以外の人からは投稿が見れなくなります。

Android の場合

1. Instagramで、右下のプロフィールアイコンをタップします。

2. 右上の[⋮]をタップします。

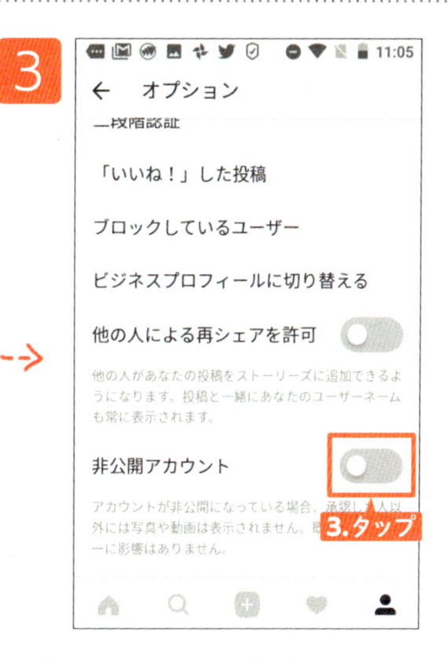

3. ［非公開アカウント］がオフになっていたら右にあるボタンをタップします。

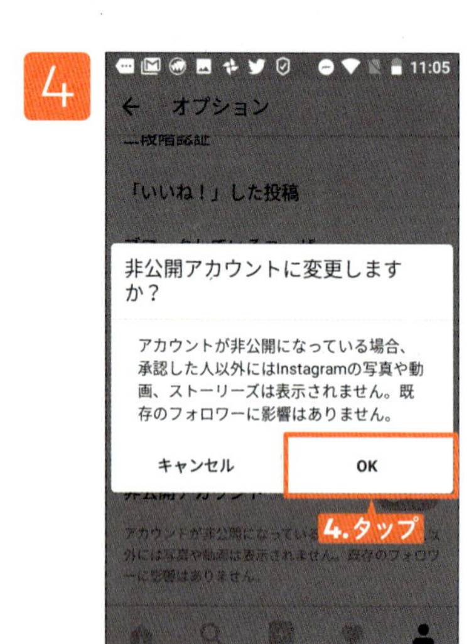

4. 確認のメッセージが表示されるので、[OK]をタップします。

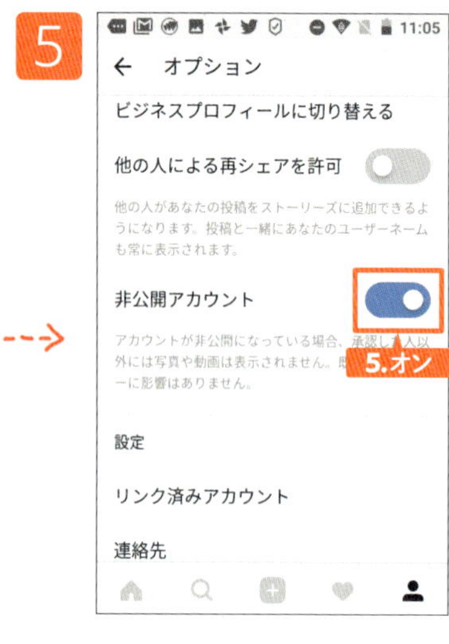

5. オンになりました。

6. 非公開にしたアカウントは、フォロワー以外の人からは投稿が見れなくなります。

2 連絡先をリンクしないようにする

Instagramは、スマホの電話帳の連絡先とリンクする機能があります。リンクさせていると、連絡先に登録されている人に、自分のアカウントが知られてしまうことになります。連絡先の中には仕事関係の人や、知り合い程度の人もいるでしょう。勝手に自分のアカウントが知られてしまわないように設定しておきましょう。

iPhone の場合

1

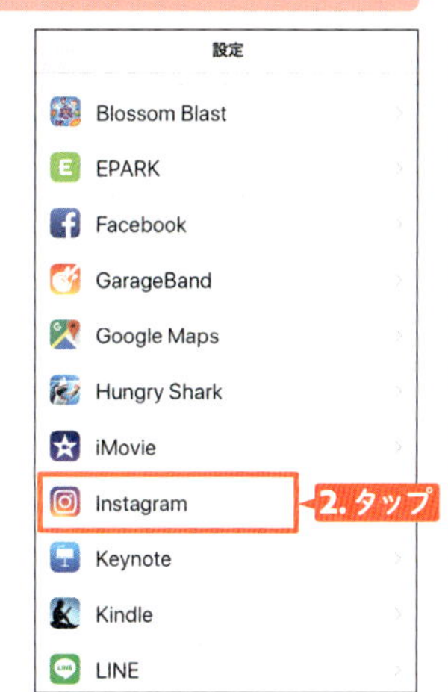

1. ホーム画面の[設定]をタップします。
2. [Instagram]をタップします。

2

3. [連絡先]の右にあるボタンをタップしてオフにします。

Android の場合

1

1. [アプリ一覧]の[設定]をタップします。

2. [アプリ]をタップします。

3. [Instagram]をタップします。

4. [権限]をタップします。

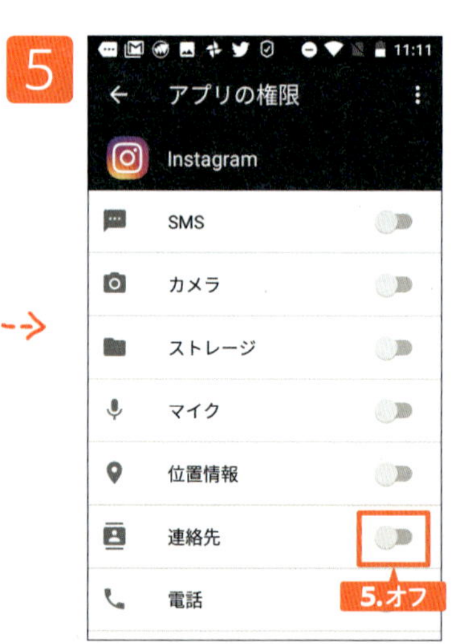

5. [連絡先]の右にあるボタンをタップしてオフにします。

ヒント

おすすめユーザーに表示されないようにするには

Instagramでは時々、「おすすめユーザー」としてフォローしている人以外のアカウントが表示されることがあります。これは逆に、自分のアカウントも、他の誰かの「おすすめユーザー」として表示されるかもしれないと言うことです。まったく知らない人や、あまり関わりたくない人にはアカウントを知られたくない場合は、「おすすめユーザ－」に表示されないように設定しておく必要があります。

この設定は、残念ながらスマホからでは行えません。パソコンのブラウザでInstagramを開き、[プロフィールを編集]で[似たようなおすすめアカウントを紹介する際に自分のアカウントもおすすめに含める。]をオフにしてください。

ヒント

いじめコメントが自動的にブロックされる

Instagramは、いじめコメントを自動的にブロックして非表示にするフィルターを導入しました。機械学習（マシンラーニング）を応用し、嫌がらせやハラスメントを目的としたコメントを自動的にブロックしてくれます。何回も繰り返された場合には、このフィルターが警告を発し、いじめに関わっているアカウントに対してInstagramが対応策を講じることができるようになっています。

Instagramのオプション画面で[コメント]を選択し、[不適正なコメントを非表示にする]がオンになっているか確認しておきましょう。

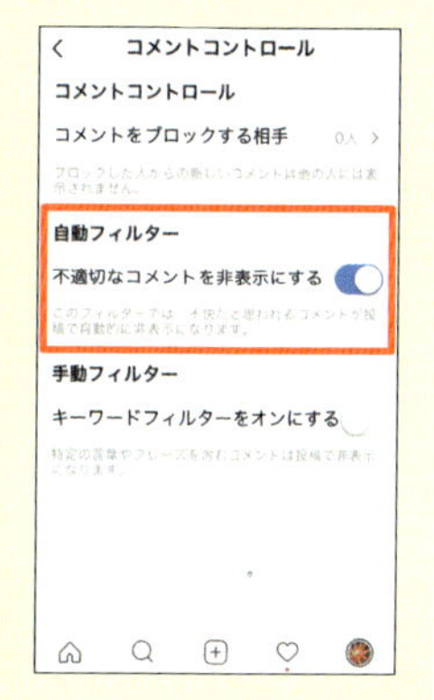

第6章
Facebookの安心設定

友だちとつながるアプリとしては、Facebookもはずせません。
Twitterと同様、投稿先に注意しないと、友だちに向けてだけ投稿したつもりの内容が、すべての人に見られてしまう危険性もあります。
また、自分がFacebookを利用していることを検索されてしまったり、知らない人から友達リクエストが来てしまったりということもあります。
きちんと設定を確認しておきましょう。

投稿や自分のプロフィールを
まったく知らない人が
見ているみたい

プライバシーについて
まとめて設定することが
できるので、確認しましょう
P82へ

特に利用していると
教えていない人から
友達リクエストが
来ちゃって断わりにくい

友達リクエストを
自分に送れる人を
制限できます
P89へ

親しくない相手から「Facebook見ましたよ」と言われた

メールアドレスや電話番号では
検索できないように
することができます　P91へ

Googleで名前を検索すると見つかっちゃうみたい

検索エンジンでは
検索できないように
設定できます　P94へ

自分がどんな人をフォローしているのかはナイショにしておきたい

フォローしている人や
ページを非表示にする
ことができます　P97へ

急に「近くにいるみたいだから会おうよ！」と言われてびっくりした

自分の位置情報が
友だちに伝わらないように
しましょう　P100へ

1 プライバシーの設定を確認しよう

Facebookでは、投稿の公開範囲を設定したり、プロフィール情報が他の人からはどのように表示されているのかを確認したり、ログインにFacebookを使用したアプリやWebサイトを確認したりすることができます。定期的に確認するようにすると安心です。
なお、投稿の公開範囲は、投稿する際に設定を変更することもできます。

iPhoneの場合

1

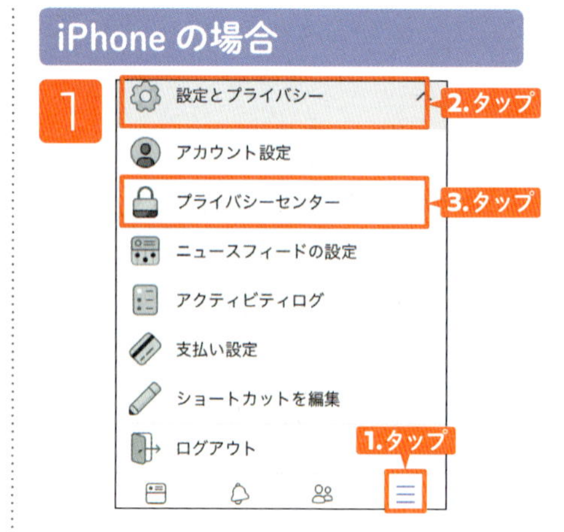

1. Facebookで、右下のアイコンをタップします。
2. [設定とプライバシー]をタップします。
3. [プライバシーセンター]をタップします。

2

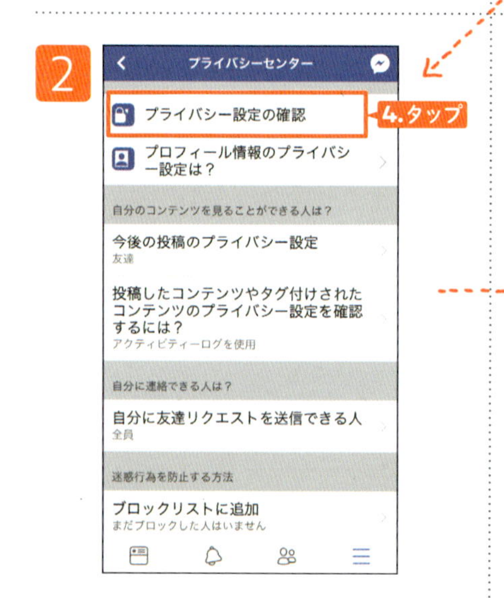

4. [プライバシー設定の確認]をタップします。

3

5. [次へ]をタップします。

6. 次回の投稿の公開先を設定します。変更したい場合はタップします。

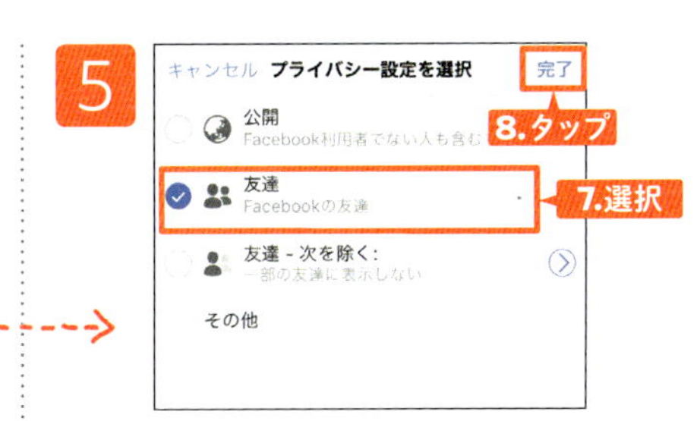

7. 公開先を選択します。[友達]に設定すると、投稿はFacebook上の友達にしか表示されないようになります。

8. [完了]をタップします。

メモ

[その他]をタップすると、[一部の友達]、[自分のみ]も選択できるようになります。

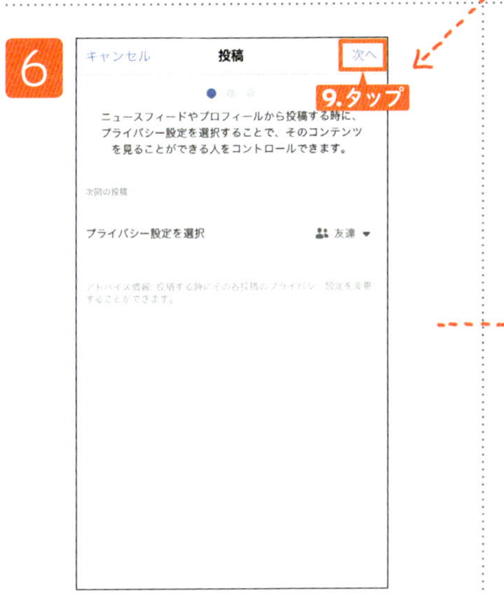

9. 公開先が設定されました。[次へ]をタップします。

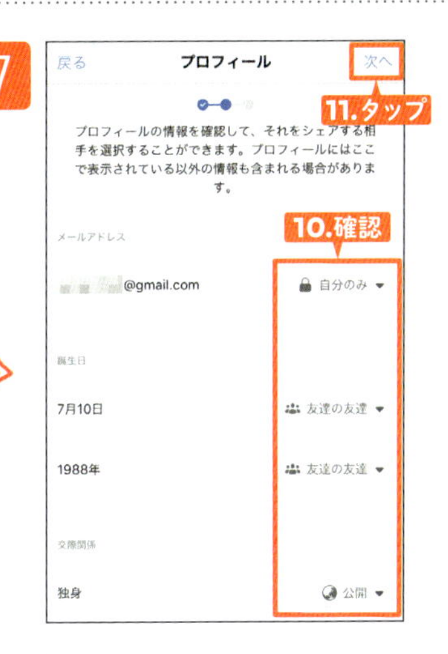

10. プロフィールの情報を確認します。必要に応じて、シェアする相手を変更します。

11. [次へ]をタップします。

8

12. アプリとWebサイトの設定を確認します。必要に応じて設定を変更します。

13. [完了]をタップします。

9

14. プライバシー設定の確認が完了します。[閉じる]をタップします。

ヒント

投稿する際に公開先を設定する

投稿の公開先は、投稿する際に変更することもできます。 投稿画面で、公開先部分をタップし、一覧から公開先を選択してください。公開先を変更した場合、その情報は記憶され、次回の投稿時に反映されます。

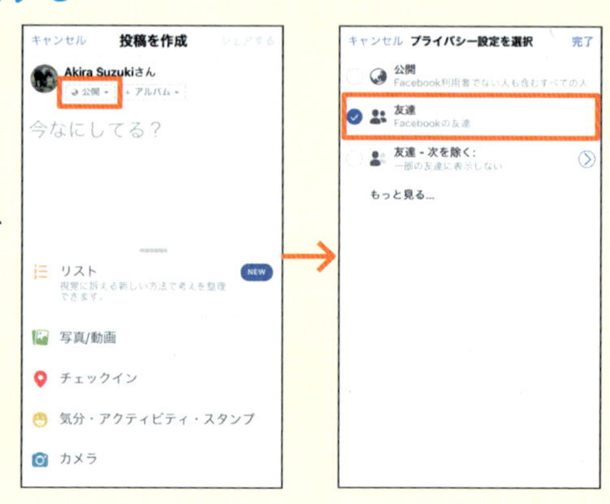

ヒント

投稿の公開先を変更する

公開先は、後から変更することもできます。投稿画面で、右上の[･･･]をタップし、[プライバシー設定を編集]をタップしたら、公開先を選択し、[完了]をタップしてください。 公開先を誤って投稿してしまった時などは、すみやかに変更するようにしましょう。

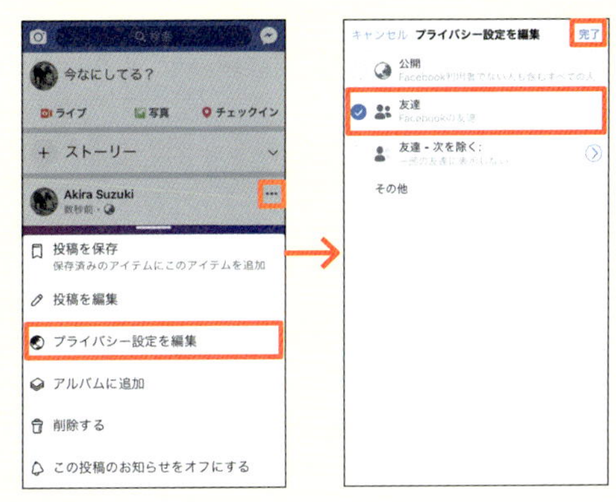

Androidの場合

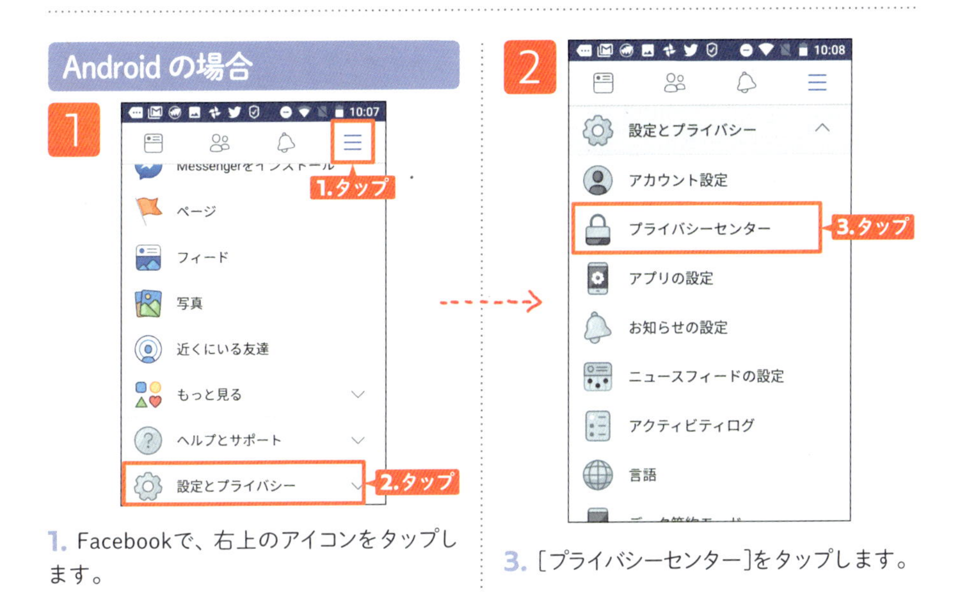

1. Facebookで、右上のアイコンをタップします。
2. [設定とプライバシー]をタップします。
3. [プライバシーセンター]をタップします。

4. ［プライバシー設定の確認］をタップします。

5. ［次へ］をタップします。

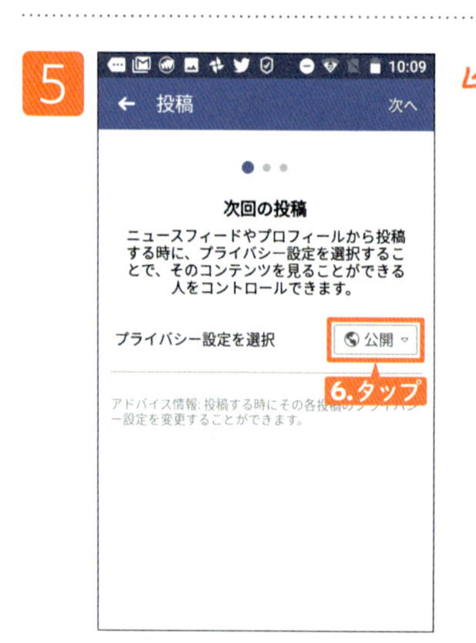

6. 次回の投稿の公開先を設定します。変更したい場合はタップします。

7. 公開先を選択します。［友達］に設定すると、投稿はFacebook上の友達にしか表示されないようになります。

8. ［完了］をタップします。

メモ

［もっと見る］をタップすると、［一部の友達］、［自分のみ］も選択できるようになります。

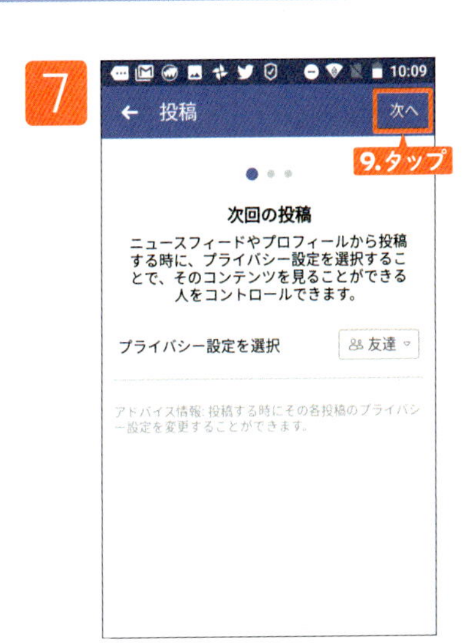

9. 公開先が設定されました。[次へ]をタップします。

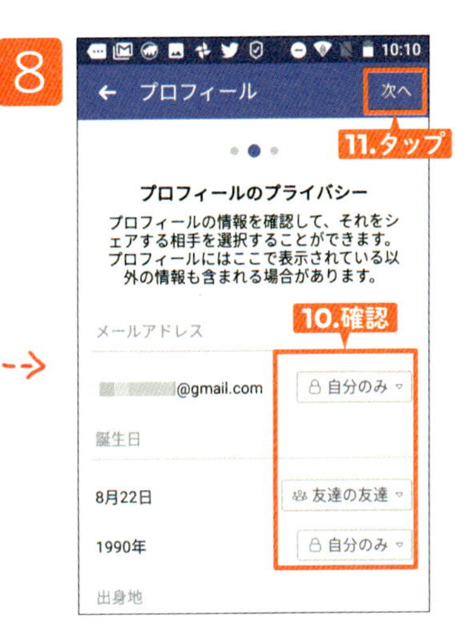

10. プロフィールの情報を確認します。必要に応じて、シェアする相手を変更します。

11. [次へ]をタップします。

12. アプリとWebサイトの設定を確認します。必要に応じて設定を変更します。

13. [次へ]をタップします。

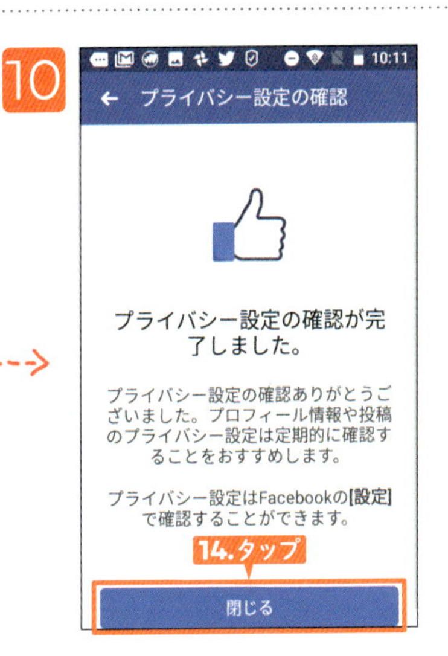

14. [プライバシー設定の確認]が完了します。[閉じる]をタップします。

ヒント

投稿する際に公開先を設定する

投稿の公開先は、投稿する際に変更することもできます。投稿画面で、公開先部分をタップし、一覧から公開先を選択してください。公開先を変更した場合、その情報は記憶され、次回の投稿時に反映されます。

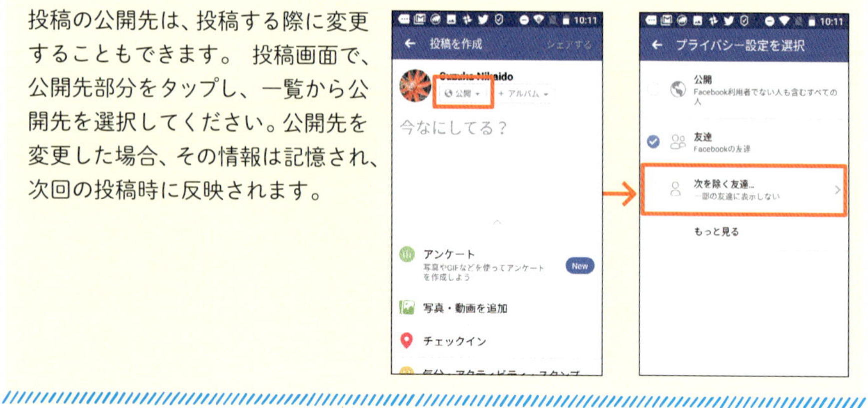

ヒント

投稿の公開先を変更する

公開先は、後から変更することもできます。投稿画面で、右上の[・・・]をタップし、[投稿を編集]をタップします。公開先をタップし変更したら、[←]をタップして前の画面に戻り、[保存]をタップしてください。公開先を誤って投稿してしまった時などは、すみやかに変更するようにしましょう。

2 知らない人から友達リクエストを受けたくない

Facebookでは、知らない人からも友達リクエストが届くことがあります。または、知っている人でも、それほど親しくはない人から友達リクエストが届くこともあるでしょう。拒否することもできますが、まったく知らない人ならまだしも、一応顔見知りという人に対して拒否はしにくいものです。あらかじめ、自分に友達リクエストを送れる人を設定しておけば安心です。

iPhoneの場合

1

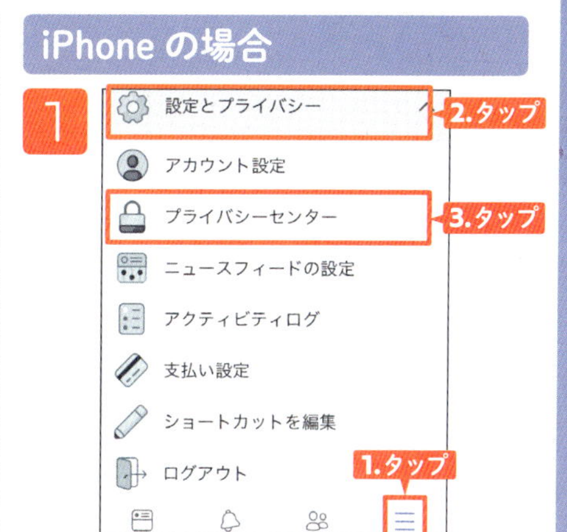

1. Facebookで、右下のアイコンをタップします。

2. [設定とプライバシー]をタップします。

3. [プライバシーセンター]をタップします。

2

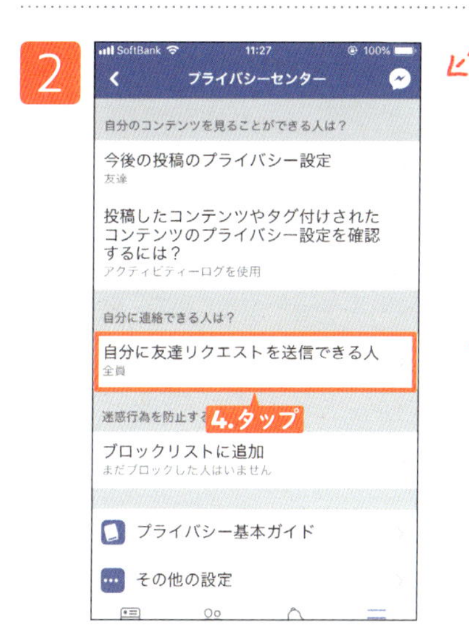

4. [自分に友達リクエストを送信できる人]をタップします。

3

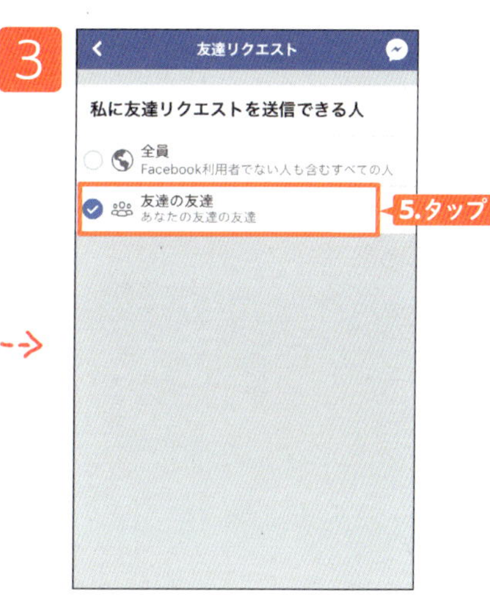

5. [友達の友達]をタップします。これで、友だちか、友だちのさらに友だち以外からは、リクエストを送信できないようになります。

Android の場合

1. Facebookで、右上のアイコンをタップします。

2. [設定とプライバシー]をタップします。

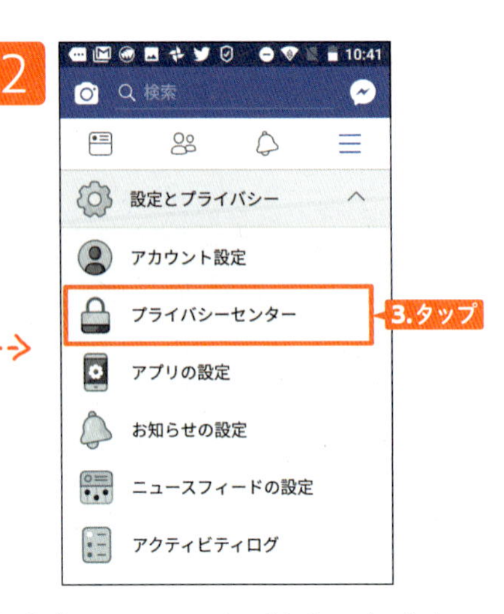

3. [プライバシーセンター]をタップします。

4. [自分に友達リクエストを送信できる人]をタップします。

5. [友達の友達]をタップします。これで､友だちか、友だちのさらに友だち以外からは、リクエストを送信できないようになります。

3 知らない人から検索されないようにする

Facebookでは、メールアドレスや電話番号で相手を検索することができます。これらの情報を知っている人はもちろんですが、知らない人でも、適当に作成したメールアドレスや電話番号からアカウントを検索されてしまうことがあります。自分を検索できる相手を絞ることができるので、設定しておくとよいでしょう。

iPhoneの場合

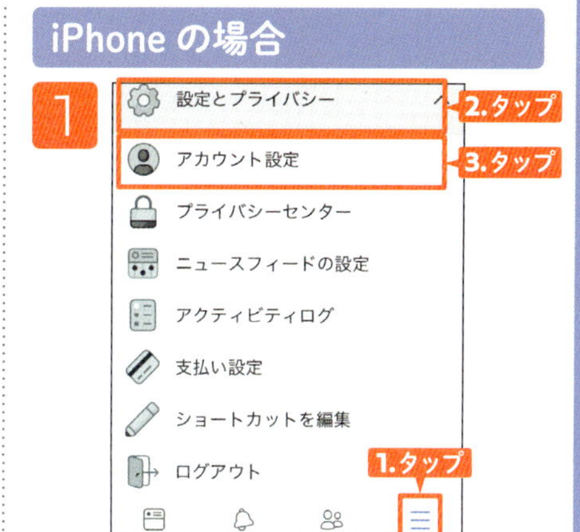

1. Facebookで、右下のアイコンをタップします。
2. [設定とプライバシー]をタップします。
3. [アカウント設定]をタップします。

4. [プライバシー]をタップします。

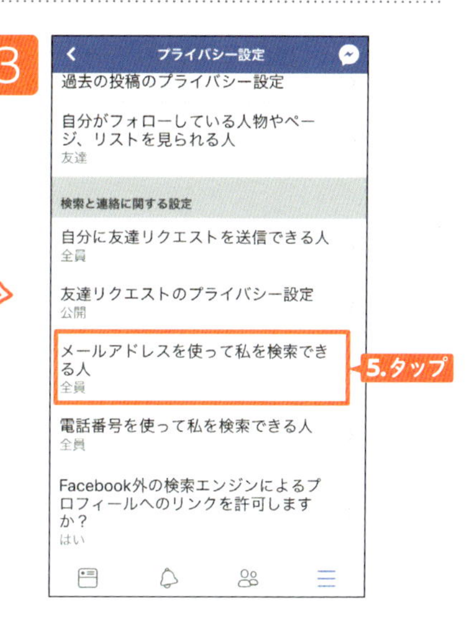

5. [メールアドレスを使って私を検索できる人]をタップします。

6. 検索を許可する相手を選択します。
7. [<]をタップします。

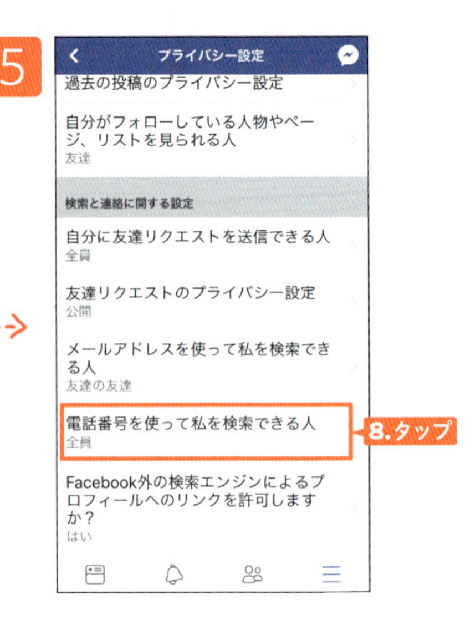

8. [電話番号を使って私を検索できる人]をタップします。

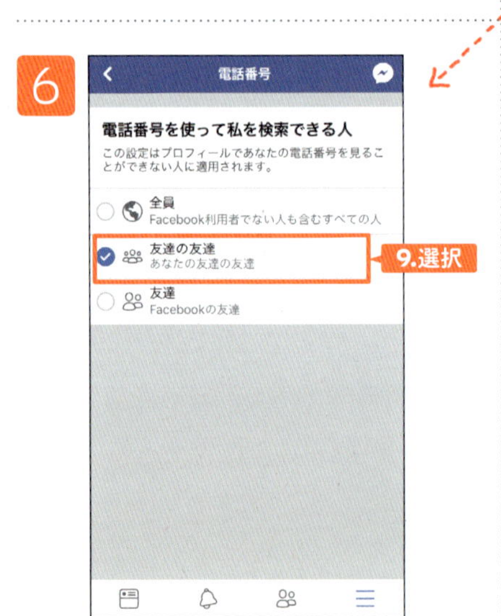

9. 検索を許可する相手を選択します。

Android の場合

1. Facebookで、右上のアイコンをタップします。
2. [設定とプライバシー]をタップします。
3. [アカウント設定]をタップします。

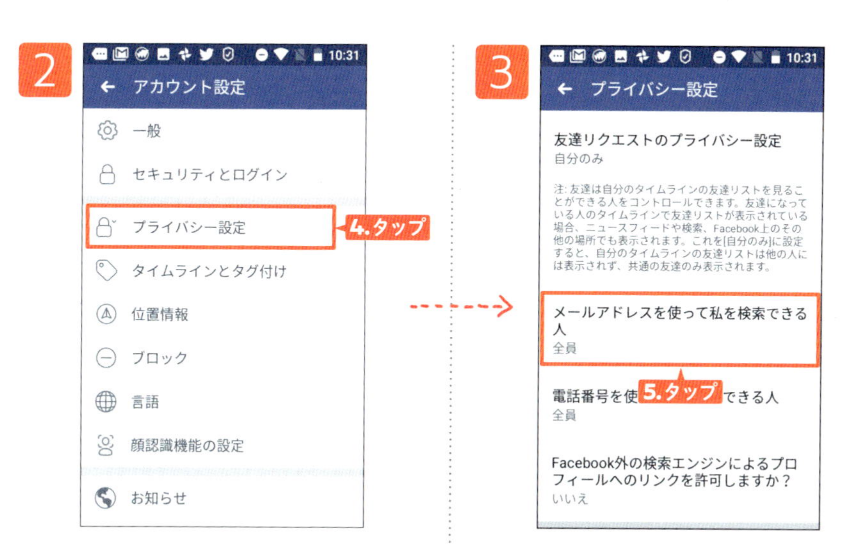

4. [プライバシー設定]をタップします。

5. [メールアドレスを使って私を検索できる人]をタップします。

6. 検索を許可する相手を選択します。
7. [←]をタップします。

8. [電話番号を使って私を検索できる人]をタップします。
9. 検索を許可する相手を選択します。

4 検索エンジンで検索されないようにする

GoogleやYahoo!のような検索エンジンで名前を入力して検索すると、その人のFacebookのプロフィール画面へのリンクが表示されます。もしも検索エンジンに表示させたくないのであれば、プライバシー設定で設定しておく必要があります。

iPhone の場合

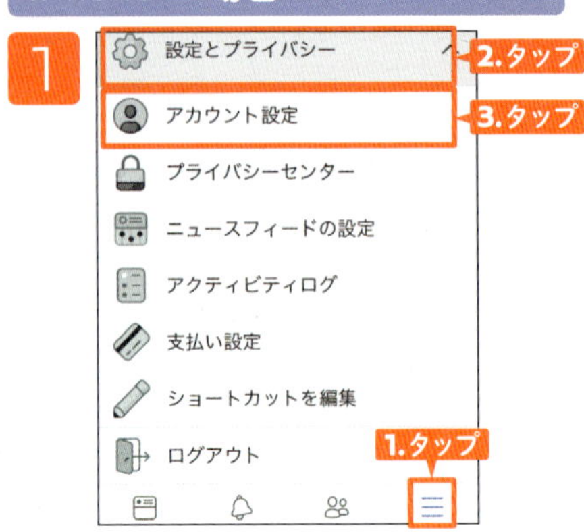

1. Facebookで、右下のアイコンをタップします。
2. [設定とプライバシー]をタップします。
3. [アカウント設定]をタップします。

4. [プライバシー]をタップします。

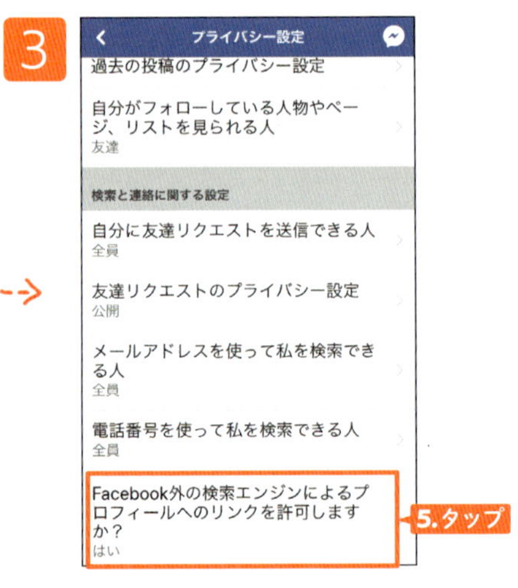

5. [Facebook外の検索エンジンによるプロフィールへのリンクを許可しますか？]をタップします。

6. [Facebook外の検索エンジンによるプロフィールへのリンクを許可する]がオンになっている場合は、右にあるボタンをタップします。

7. 確認のメッセージが表示されるので、[オフにする]をタップします。

8. 設定が反映されました。

Android の場合

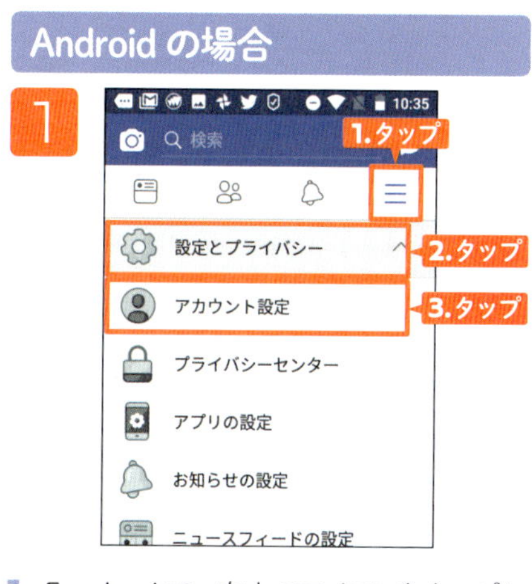

1. Facebookで、右上のアイコンをタップします。
2. [設定とプライバシー]をタップします。
3. [アカウント設定]をタップします。

4. [プライバシー設定]をタップします。

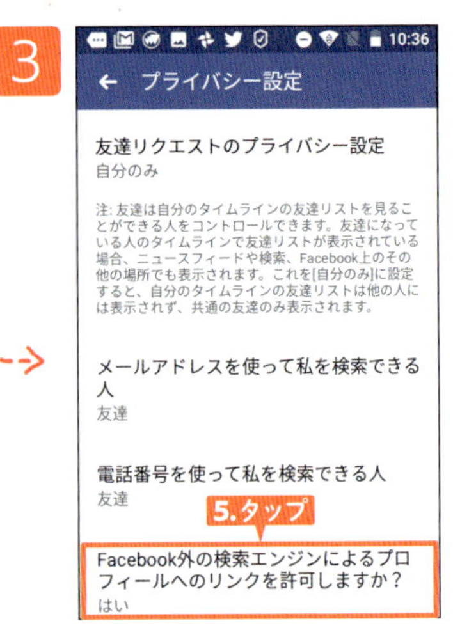

5. [Facebook外の検索エンジンによるプロフィールへのリンクを許可しますか？]をタップします。

6. [Facebook外の検索エンジンによるプロフィールへのリンクを許可する]がオンになっている場合は、右にあるボタンをタップします。

7. 確認のメッセージが表示されるので、[オフにする]をタップします。

8. 設定が反映されました。

5 フォローしている人を知られたくない

自分がどんな人やページをフォローしているのか知られたくないこともあります。フォローしている相手を公開する範囲は設定することができるので、知られたくないのであれば、設定を変更しておきましょう。

iPhoneの場合

1

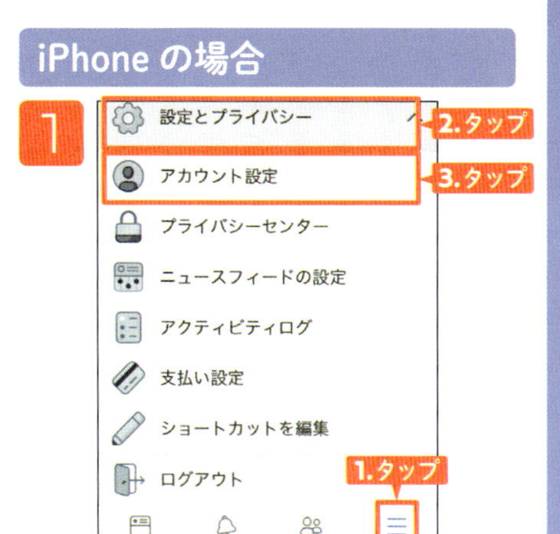

1. Facebookで、右下のアイコンをタップします。
2. ［設定とプライバシー］をタップします。
3. ［アカウント設定］をタップします。

2

4. ［プライバシー］をタップします。

3

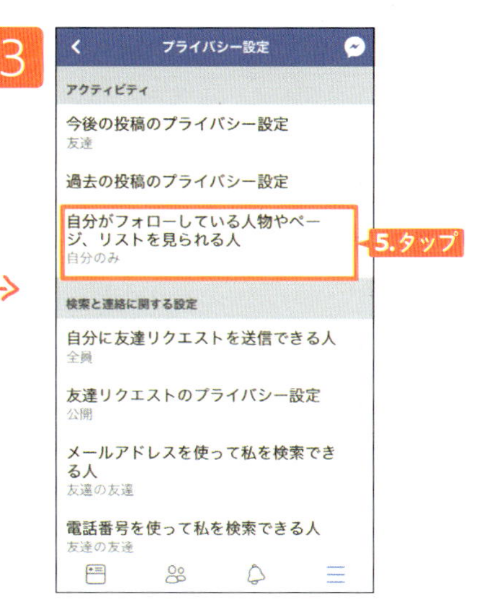

5. ［自分がフォローしている人物やページ、リストを見られる人］をタップします。

6. 公開範囲を選択します。

ヒント

友達リストを非表示にする

自分の友達リストを、他の人からは見えないようにすることもできます。3 で[友達リクエストのプライバシー設定]をタップし、[自分のみ]に設定しましょう。

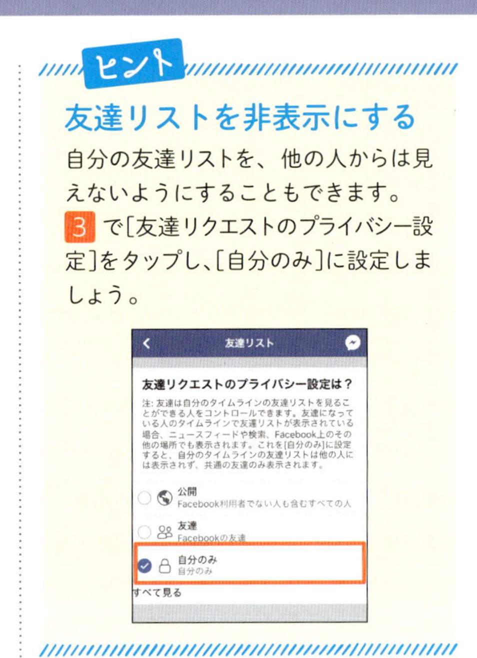

Android の場合

1. Facebookで、右上のアイコンをタップします。

2 . [設定とプライバシー]をタップします。

3. [アカウント設定]をタップします。

4. [プライバシー設定]をタップします。

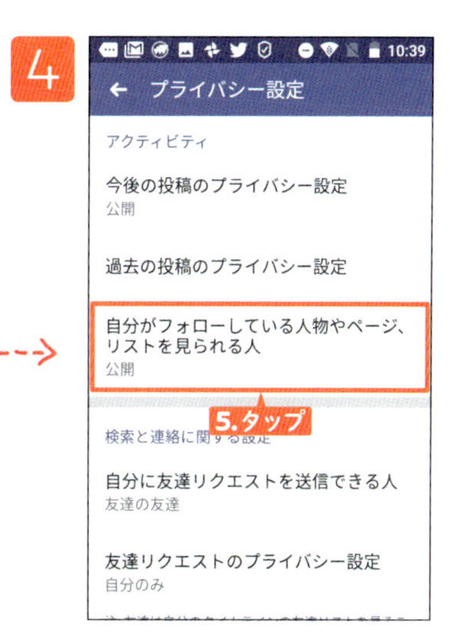

5. [自分がフォローしている人物やページ、リストを見られる人]をタップします。

6. 公開範囲を選択します。

ヒント

友達リストを非表示にする

自分の友達リストを、他の人からは見えないようにすることもできます。4で[友達リクエストのプライバシー設定]をタップし、[自分のみ]に設定しましょう。

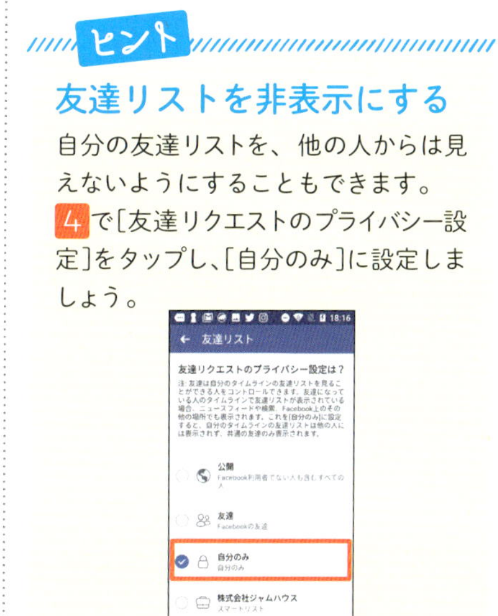

6 自分の位置情報を知られないようにする

Facebookでは、近くにいる友だちを探すことができます。近くにいると通知してくれるので、お互いに近くにいるようならば会おうよ、という話になるかもしれません。ただし、やはり自分がどこにいるのかは知られたくない、位置情報が漏れてしまうのではないかと心配だというのであれば、この機能をオフにしておきましょう。

iPhone の場合

1

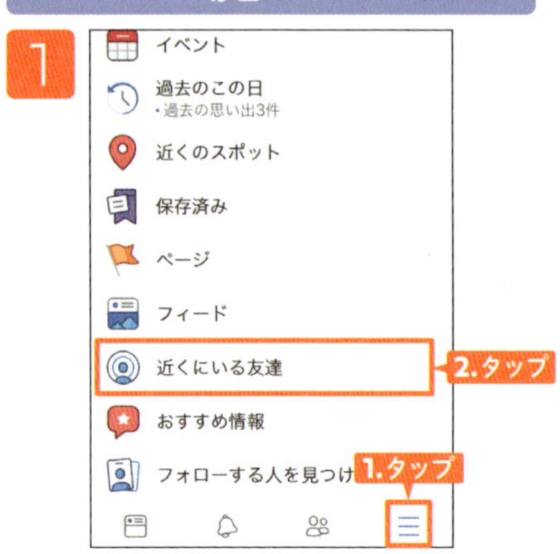

1. Facebookで、右下のアイコンをタップします。

2. [近くにいる友達]をタップします。

2

3. 右上の歯車アイコンをタップします。

3

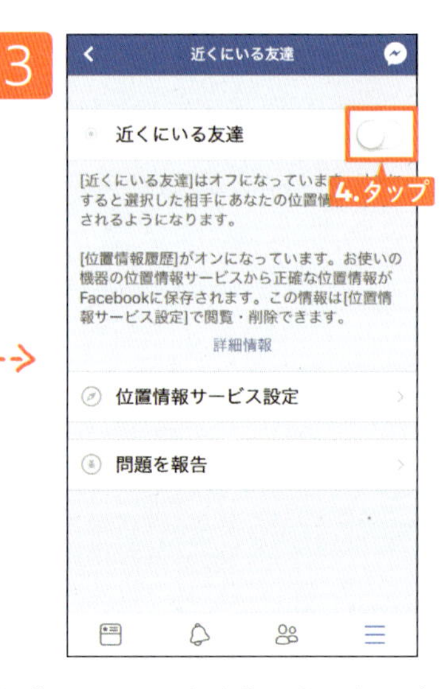

4. [近くにいる友達] の右にあるボタンをタップしてオフにします。

Androidの場合

1

1. Facebookで、右上のアイコンをタップします。

2. [近くにいる友達]をタップします。

2

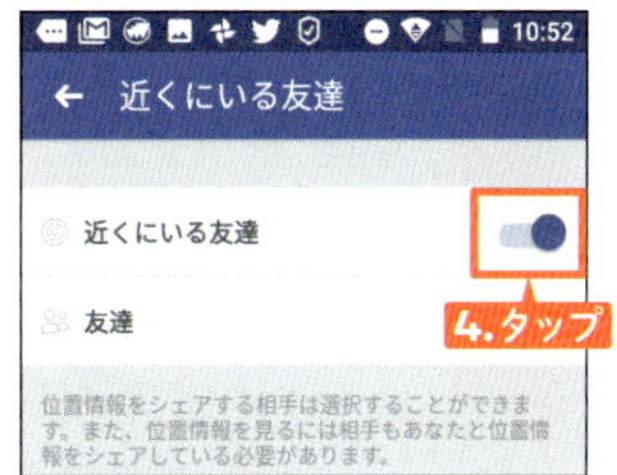

3. 右上の歯車アイコンをタップします。

4. [近くにいる友達]がオンになっていたら右にあるボタンをタップします。

3

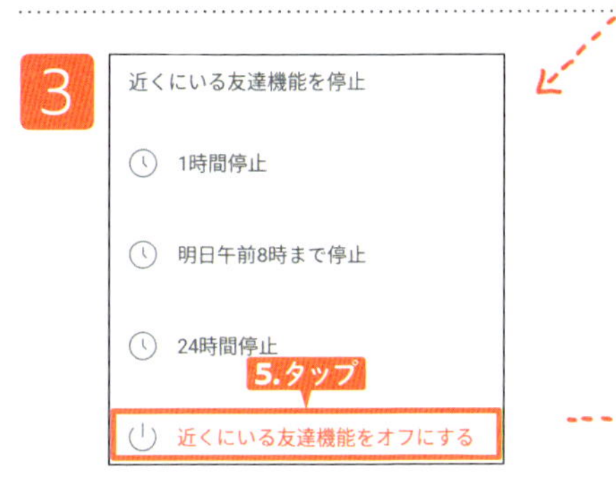

5. [近くにいる友達機能をオフにする]をタップします。

メモ

[1時間停止][明日午前8時まで停止][24時間停止]を選択すれば、指定した時間だけ機能を停止することができます。

4

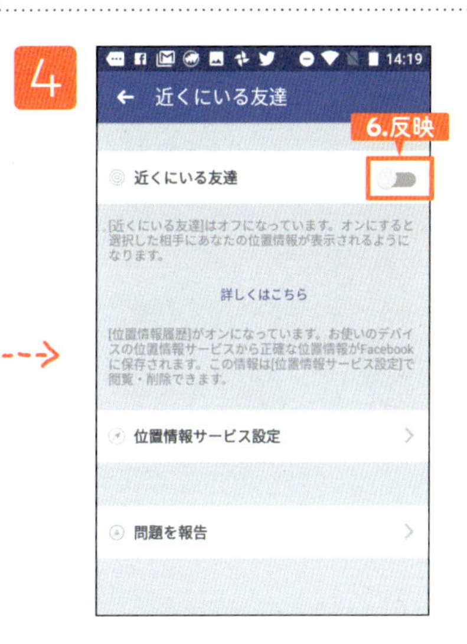

6. 設定が反映されました。

第7章
フィルタリングブラウザーを使う方法

18歳未満の子どもにスマホを使わせる場合、フィルタリングサービスを提供するとことは義務づけられています。でも、フィルタリングによっては、Wi-Fiを利用している時は無効になってしまうものもあるので注意が必要です。
「i-フィルター」は、Wi-Fi、携帯電話回線のどちらにも対応したフィルタリングブラウザーです。子どもが安全にスマホを使えるように利用してはどうでしょうか。

子どもがキケンなサイトを開かないようにしたい

フィルタリングブラウザーを利用すれば、悪質なサイトを表示しないようにすることができます

P104へ

i-フィルターを使ってみたいけど、どうすればいいの？

i-フィルターの入手方法を教えます。年齢に応じた設定が簡単にできます

P104へ

子どもがスマホで
何時間もサイトを
見たりしてないか
心配

i-フィルターは
利用時間を
制限することもできます。
フィルタリング設定画面で
設定できます
P104へ

目の届かないところで
子どもがどんな風に
ネットを使っているのか
気になる

i-フィルターは、
管理画面で
利用状況を確認できます
P106へ

普通に
制限なく
サイトが見れてしまう
みたいだけど？

「i-フィルター」ブラウザーを
使う必要があります。
標準のブラウザーは
使えないように
設定しておきましょう
P107へ

1 i-フィルターを入手する

子どもにスマホを使わせる場合、フィルタリングは必須です。 通信事業者の提供するサービス、iPhoneのペアレンタルコントロールなどもありますが、 フィルタリングブラウザーもあるので、利用するのもよいでしょう。ここでは、「i-フィルター」を例に入手方法を解説します。i-フィルターは、有害サイトのブロックはもちろんのこと、離れた場所からでも利用状況を把握したり、子どもの利用時間を制限することもできるので便利です。

i- フィルター for iOS を入手する

1

1. [App Store]をタップします。
2. [検索]をタップします。

2

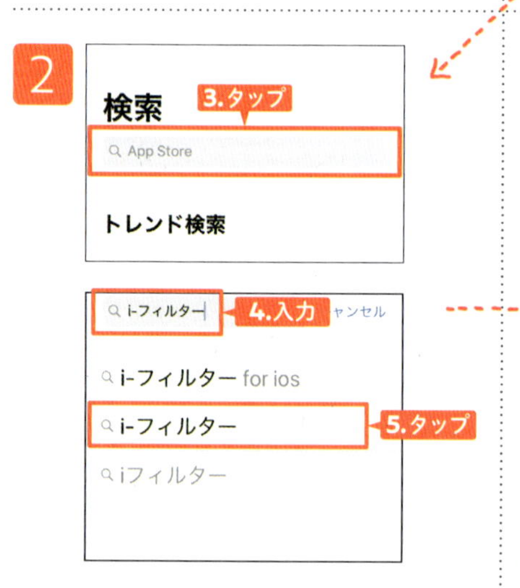

3. 検索キーワード入力欄をタップします。
4. [i-フィルター]と入力し、検索します。
5. [i-フィルター]をタップします。

3

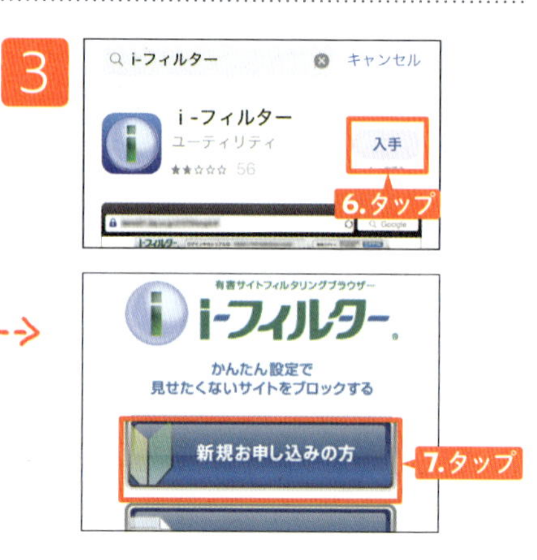

6. [入手]をタップしてインストールします。
7. i-フィルターを開いたら、[新規お申し込みの方]をタップし、指示に従って登録、設定を行います。登録には、管理者のメールアドレスが必要となります。

年齢に応じた設定にする

1

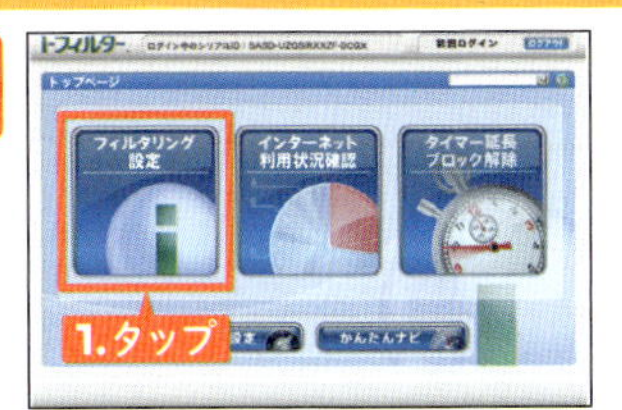

1. i-フィルターにログインしたら、[フィルタリング設定]をタップします。
2. [フィルター強度設定]をタップします。

2

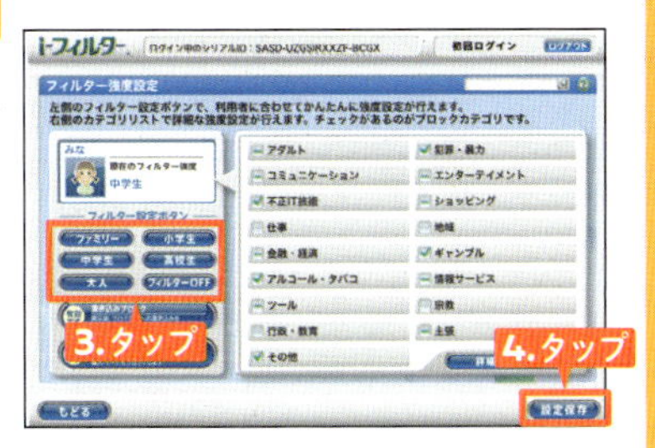

3. [小学生]、[中学生]など、年齢に応じた設定が行えます。
4. [設定保存]をタップします。

メモ

設定は、親が細かくカスタマイズすることもできます。

i-フィルター for Androidを入手する

1

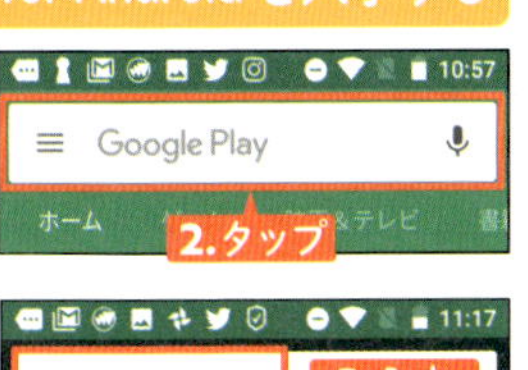

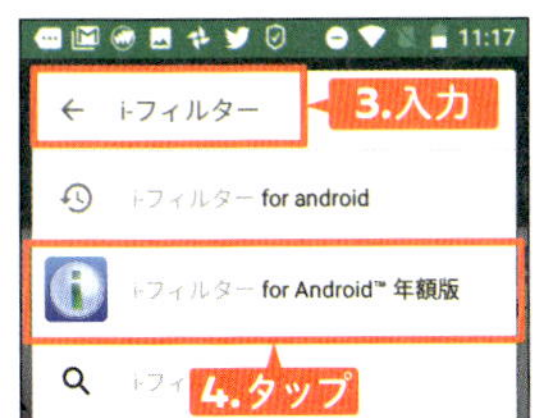

1. [Playストア]をタップします。
2. 検索キーワード入力欄をタップします。
3. [i-フィルター]と入力し、検索します。
4. [i-フィルター for Android 年額版]をタップします。

2

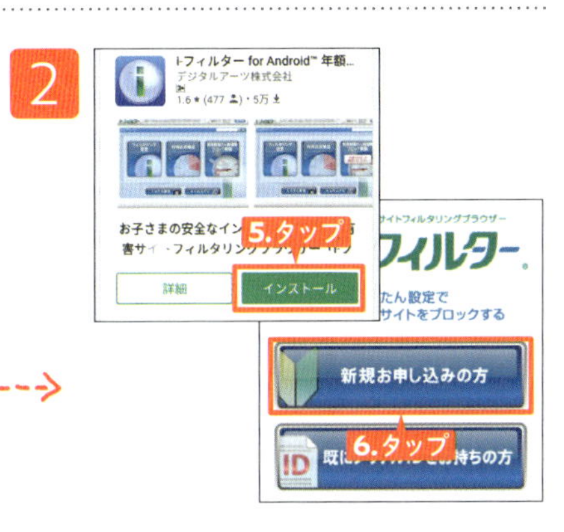

5. [インストール]をタップしてインストールします。
6. i-フィルターを開いたら、[新規お申し込みの方]をタップし、指示に従って登録、設定を行います。登録には、管理者のメールアドレスが必要となります。

年齢に応じた設定にする

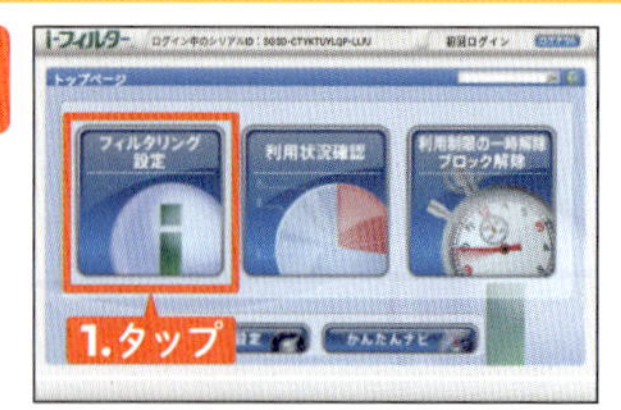

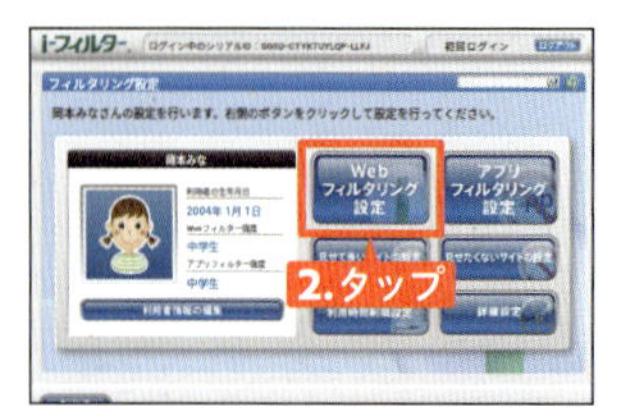

1. i-フィルターにログインしたら、[フィルタリング設定]をタップします。
2. [Webフィルタリング設定]をタップします。

2

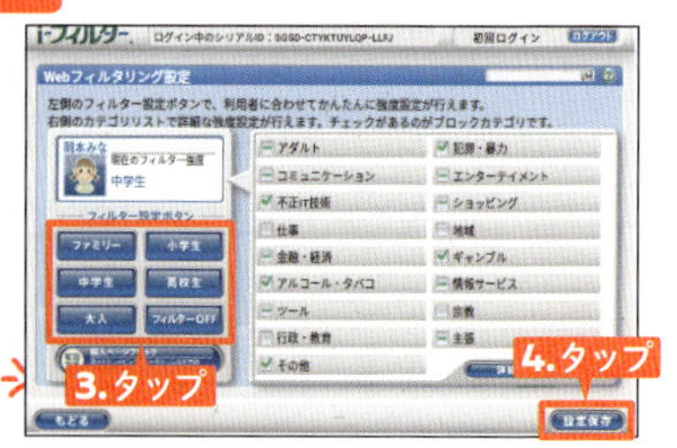

3. [小学生]、[中学生]など、年齢に応じた設定が行えます。
4. [設定保存]をタップします。

メモ

設定は、親が細かくカスタマイズすることもできます。

ヒント

i- フィルターを利用するには

i-フィルターを利用するには料金がかかります。最大3日間の無料お試し期間付きなので、まずはインストールして、使い勝手を確認し、それからライセンス購入するとよいでしょう。

■利用料金(税込)

	iPhone	Android
1年(365日)	4,000円	3,900円
2年(731日)	6,800円	6,400円
3年(1,096日)	9,800円	9,400円

※2018年4月現在

ヒント

離れた場所からも確認できる

i-フィルターは、 管理画面でインターネットの利用状況や設定の変更をすることができます。 管理画面はパソコンでもスマホでも見ることができるので、子どもとは別の場所にいる時も、常に状況を把握することができます。

2 標準ブラウザーの使用をロックする

「i-フィルター」は、「i-フィルター」ブラウザーを使用して閲覧するインターネットに対してのみフィルタリングを行います。もともとスマホに装備されている標準ブラウザーを利用する場合にはフィルタリングは行われないので、あらかじめ使用できないように設定しておきましょう。

iPhoneの場合

1

1. [設定]をタップします。
2. [一般]をタップします。

2

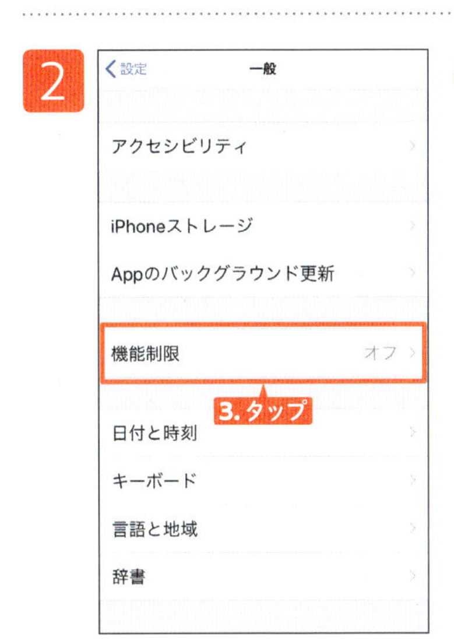

3. [機能制限]をタップします(P17参照)。

3

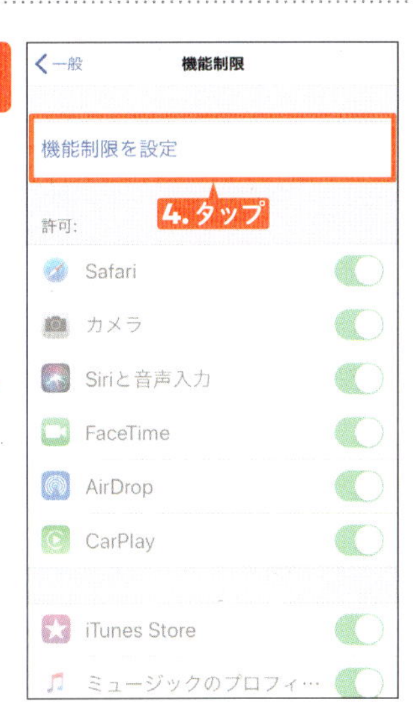

4. [機能制限を設定]をタップします。

4

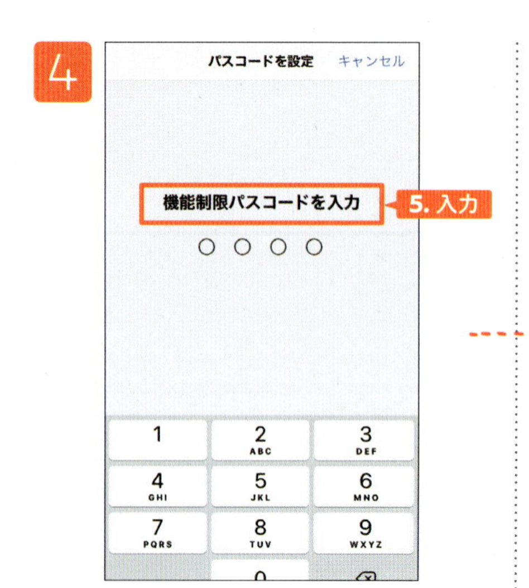

5. 「機能制限パスコード」を入力します。

5

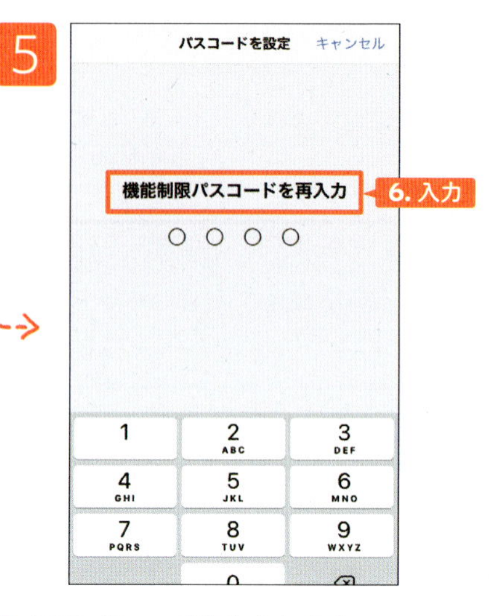

6. 再度パスコードを入力します。

6

7. ［Safari］の右にあるボタンをタップしてオフにします。

Android の場合

1

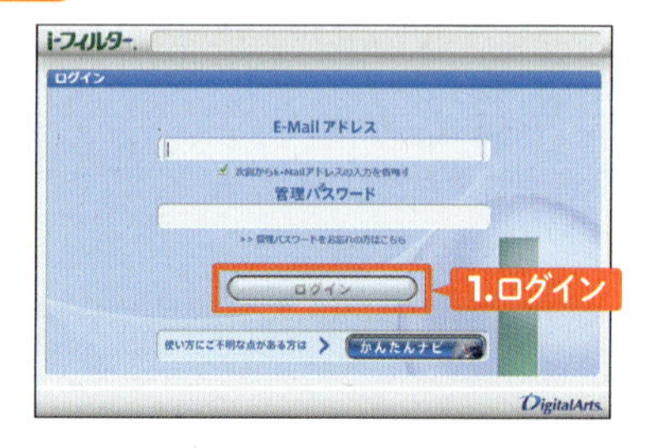

1. i-フィルター for Androidは、アプリのフィルタリングも可能です。この機能を利用して他のブラウザーアプリの利用を制限します。でi-フィルターの管理画面を表示し、ログインします。

2

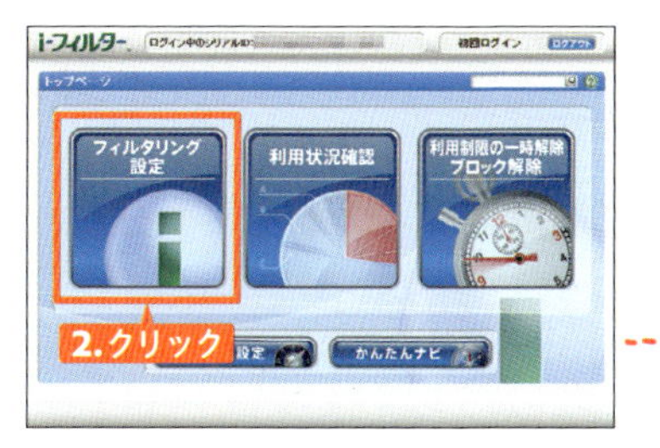

2. [フィルタリング設定]をクリックします。

3

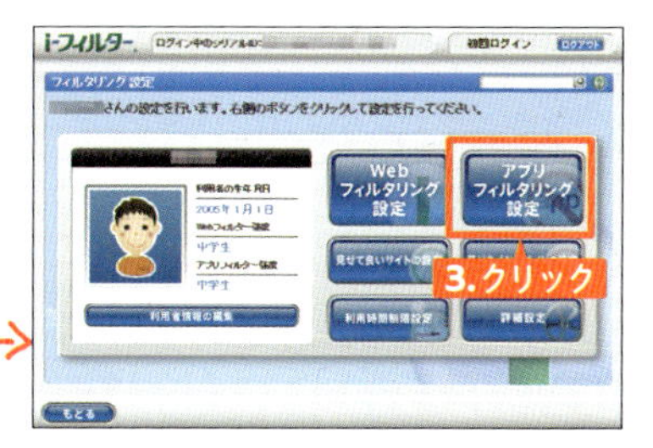

3. [アプリフィルタリング設定]をクリックします。

4

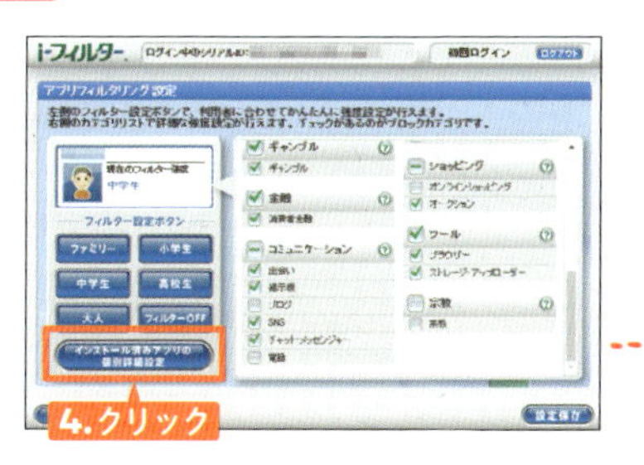

4. [インストール済みアプリの個別詳細設定]をクリックします。

5

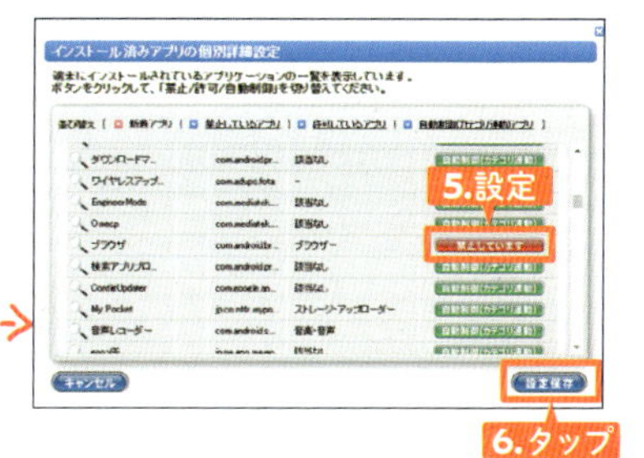

5. [ブラウザー]を[禁止しています]に設定します。

6. [設定保存]をタップします。

ジャムハウスの本

本書と一緒に読んで欲しい！

最新版　親子で学ぶインターネットの安全ルール　小学生・中学生編

いけだとしお　おかもとなちこ［著］　つるだなみ［絵］

［本体価格］1,500円　ISBN：978-4-906768-46-2

2020年プログラミング教育の準備はもう始まっています！
そして、小学生も中学生もスマートフォンを持つことが増えた今、禁止ではなく学校やご家庭でルール作りをしましょう！
平成23年度『小学校の国語　5年』（三省堂）で紹介された書籍の最新改訂版です。当時からの見やすさはそのままに、LINEやインスタグラムなどSNSのルールも追加しています。

親が知っておきたい学校教育のこと 1
赤堀侃司［著］

学校ってどんなところ？

親が知っておきたい学校教育のこと 1

赤堀侃司［著］

［本体価格］1,700円　ISBN：978-4-906768-38-7

学校や教育に関する素朴な疑問や気づきから、いじめや不登校など真面目に向き合う問題まで、親目線だと見えづらいことがらを著者がひもときます。
親が学校の実情や意味を知ることによって、教育への理解が深まり、子どもとの関わり方を考えるきっかけになる1冊です。

一太郎くんと花子ちゃん　https://tarohana.themedia.jp/

文書作成ソフト「一太郎」と統合グラフィックソフト「花子」の「知っておくと便利なワザ」を紹介しています。一太郎＆花子に関する情報発信も。一太郎のワザは電子書籍版も配信中！

ジャムハウスのホームページ　http://www.jam-house.co.jp/

ジャムハウスで出している本の紹介はもちろん、刊行書籍にちなんだ情報を発信するプラットフォームです。新刊情報、電子書籍、各メディアにアクセスすることができます。キャンペーンや得する情報もこちらから。